Idea man

Idea man

所有老闆都看重！上班族必備的工作數字力

入社1年目からの数字の使い方

數字力是職場最強武器！文科生也能立即學會的數字思考

日本首席商務數學訓練專家
深澤真太郎◎著
陳美瑛◎譯

推薦——不懂數字，就無法理解市場

根據英國NPC組織的研究報告指出，很多人並不介意對外承認自己缺乏數理能力，也沒有什麼動機想要突破或改進。這儼然已經成為一種社會潮流，甚至可能引發許多潛在的問題，值得大家重視。

身為一位時常在企業與大學院校教授數位行銷與企業營運的講師，我除了時常跟大家分享最新的資訊科技與行銷趨勢，也不忘跟臺下的學員們灌輸數字觀念。但有趣的是，每次談到數字思維的相關議題時，大家不是一副退避三舍的模樣，就是一邊搖頭一邊跟我說：「救命啊，我的數學八百年前早就還給老師了！」

我相信這個場景大家都不陌生，其實許多朋友也都知道數字觀念的重要性，更有人會希望自己能夠擁有多一點運用邏輯思維的能力。無奈卻因為過往的刻板印象而糾結不已，這時或許可以參考本書作者深澤真太郎的建議——嗯，何妨暫時先忘掉學生時代的算術或數學呢?

其實,數學沒有大家想像得那麼難,而數字思考的能力也絕對是每個人都可以養成的。舉個我在網路上看到的例子好了,考驗一下您的數字能力如何?

還記得我們小時候在雜貨店買糖果的美好回憶嗎?每顆五彩繽紛的糖果外頭,都包著一張糖果紙,如果一顆糖果賣一元,而三張糖果紙可以換一顆糖果……請問如果您目前手中有十五元,最多可以吃幾顆糖果?

我把這個問題分享在自己臉書的塗鴉牆上,很快就得到了很多有趣的迴響。有人用數學公式推導答案,還有朋友從家長的角度來思考該不該吃糖果……甚至,也有朋友直接畫圖圖解,可說是一目瞭然!

言歸正傳,如果我們平常就可以培養敏銳的數字力,不僅能夠獲得更多的工作成果,在職場上的工作過程也會變得更輕鬆。而這本書,就是在這樣的場景之下應運而生。

換言之,大家不必把《所有老闆都看重!上班族必備的工作數字力》這本書視為艱深的數學讀物,而只需要按照作者的方式,便可以輕鬆找到在工作中運用數字的方法！此外，作者也不忘提醒我們，在評估或分析任何事情的時候（甚至包括目標的設定），都應該試著數字化。

日本蔦屋書店創辦人增田宗昭，曾經說過一句讓人印象深刻的話。他說：「不懂數字的話，自然就無法理解市場。」

要知道，在職場上我們常有許多機會需要做決策，而在這個瞬息萬變的年代，倘若沒有數字思維作為支撐，往往很容易誤下判斷，給企業或個人帶來偌大的損失與影響。與其事後懊悔不已，我倒覺得大家不如從現在開始多培養一些數字與邏輯的能力。

所以，近年來我不但涉獵很多不同領域的商管書籍，也常自掏腰包四處去上課充電。嗯，如果您覺得下班之後還要四處奔波趕去上課，實在太累的話……那麼我很樂意跟大家推薦一個簡單的方法，那就是可以把深澤真太郎這位商務數學專家的新書《所有老闆都看重！上班族必備的工作數字力》買回家，有空就翻閱幾個單元，我相信會讓您有很不同的感受。

這本書中既沒有複雜難懂的數學公式，也不談深奧繁複的人生大道理，作者卻能從日常生活中的不同面向出發，帶給讀者朋友們多元的思考啟迪。這的確是一本難能可貴的好書，我很誠摯地向您推薦。

對了，關於前面提到的糖果問題，您是否已經算出答案了嗎？答案揭曉，可以換到二十二顆糖果噢！如果您有興趣研究正確的算法，或是想參考不同朋友們的互動與解答結果，請連結到：http://bit.ly/my-sweets（或掃QR CODE）來一探究竟吧！

「做最棒的自己」、「內容駭客」網站創辦人 **鄭緯筌**

前言——只要知道訣竅，任何人都能在職場上「善用數字」

這是我為某企業的新進員工舉辦研習課程時發生的事情。

對於這些新進員工而言，此時是他們正式進入公司工作的第二個月。不用多說，他們肯定無法順利完成被委派的工作。表面上展現著開朗笑容的學員，在休息時間吐露了內心的不安：

「我愈是參加這類的研習課程，內心愈是感到不安……」

我想這是許多新進人員的普遍心聲。雖然大家的「制式回答」可能都是「內心的期待與不安參半」，不過其實不安的情緒才是他們的真心話吧。

你會想拿起本書，想必也是因為對「工作與數字」感到不安。

不過請放心，本書內容與學生時代是否擅長算術或數學無關。若想要工作順利進行，其實只要懂得運用一些數字的方法，知道了訣竅，任何人都辦得到。

只是在現實中，大部分的前輩們其實也不知道有這些訣竅，所以新人根本沒有機會學習。

我是商務數學專家。簡單地說，我的專業就是培養「善用數字」的商務人士。我在全國各地的企業舉辦員工研習課程，或是透過書籍傳授「數字的使用方法」，並協助企業培育人才。

我所遇到的商務人士，個個都擁有豐沛的熱情，也都非常認真工作，不過也有許多人「希望能夠擁有多一點運用數字的能力」。如果可以培養多一點運用數字的能力，一定能夠在工作上獲得更多成果，工作過程也會變得更輕鬆。然而，現今許多人無法善用數字力的情況卻令人感到可惜。

因此我撰寫本書，目的在於傳授大家在工作中運用數字的方法，讓每個人都能透過本書培養「多一點」的能力。

例如，能夠有憑有據地說出自己的意見、能夠整理腦中的想法、能夠簡單決定優先順位、能夠適度地報告・連繫・討論，以獲得對數字敏銳的主管讚賞、能夠把複雜的數據資料轉換成圖表等簡單易懂的資料。

這些不都是未來的你必須具備的能力嗎？

對於不擅長數字的人而言，或許覺得門檻極高而難以跨越。但事實並非如此。

與主管談話時，有意識地加入數字；做好的資料再多用點心，使資料完整且具有說服力……光是運用這些「只要知道就能簡單辦到」的技巧，就能夠改變對方對你的看法、認同你，工作也會變得更輕鬆。

本書是讓所有商務人士都可以親近數字的書。

如果閱讀本書可以幫助各位親近數字，並成為能夠靈活運用數字的商務人士，會是本人最欣慰的事。

深澤真太郎

目 錄
CONTENTS

第2章 邏輯思考法讓你確信自己「已經思考周全」

目 錄
CONTENTS

第3章 利用數字報告．提出意見，讓他人另眼相看

第4章 靈活運用資料，輕鬆讀取數字的七項基本規則

第5章

連前輩也不見得會！使用數字與圖表製作資料的訣竅

目 錄
CONTENTS

第6章
「沒有傳達」等於零！使用數字做簡報的技術

序章

社會新鮮人請先做到這幾點

1 先忘掉學生時代的「算術．數學」

行動的背後是數量

雖然很突然，不過請各位想想拖鞋這個物品。

假如有人遞給你一雙拖鞋，你的直覺應該是穿上這雙拖鞋，當然也會做出「穿鞋」的動作。

不過，這個理所當然的行為，是基於你收到一雙左右配對的拖鞋。

但如果你拿到的是單邊的一隻拖鞋，你會採取什麼行動呢？你還會穿上這一隻拖鞋嗎？（若是我的話，或許會有一股衝動拿這隻拖鞋敲打什麼東西吧！）

拖鞋（左右配對）↓2↓穿鞋
拖鞋（單隻）↓1↓敲打東西（？）

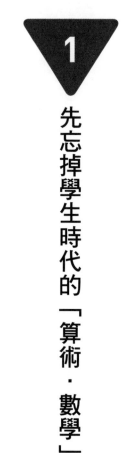

其實，日常生活中，也存在著許多類似的情況。找十位朋友參加私人聚會，跟只邀請一位朋友的行動應該完全不同。如果是前者，你可能會以社群軟體號召大家出席；如果是後者，你只會連絡鎖定的那位朋友。

我想表達的是，我們的生活總是離不開數量，而且數量會決定人的行動。

「一旦數量改變，行動也會跟著改變。因此，當數量搞錯，人也會做出錯誤的行動。」

所以商務人士必須對數量抱持敏銳的態度。換句話說，商務人士必須非常重視數字才行。

▼使用數字有什麼好處？

那麼，在工作場合使用數字可以獲得什麼具體好處呢？針對這個問題，可以說出許多正確答案。不過，如果只能選一個的話，我會毫不猶豫地選擇這個：

「能夠做決定」。

舉例來說，午餐時間到了，你有一千日圓的預算決定午餐內容。相信這時你不會把訂價一千二百日圓的燉牛肉定食列入考慮選項。也就是說，你能夠立即做出「不吃燉牛肉」的決定。

平常的工作應該也有類似情況。假如有件工作是向廠商訂貨，判斷標準是「〇〇日圓以下就下單」，你就能夠決定該金額（＝數字）可以下單或是不下單。

總之，數字是能夠幫助你簡單做決定的強大工具。

▼與學生時代的算術．數字成績無關

或許有讀者以「數學＝不擅長」的心態閱讀本書。不過請放心。學生時代的算術或數學成績並不重要，倒不如說毫不相關。

我因為工作緣故，接觸過許多所謂理科出身的商務人士。不過，若要說他們每個人都靈活運用數字工作，在職場上大展長才，那倒也未必。比起是否理科出身，更重要的是正確理解我將傳授給各位的「使用數字」的意義與好處。

即使你才剛進公司第一年，旁人就已經以商務人士的一員看待你，請現在就與學生時代的算術或數學切割，我會盡全力協助你站在起跑線上。

讓我們一起開心學習數字的使用方法吧。

2 把數字當成「文字」使用

以數字表達喜愛的事物

我先問一個奇怪的問題。請不要多加思索，以直覺回答。

Q1 請說出你喜歡的數字。
Q2 請用數字表達你喜愛的事物（例如興趣等）。

對於這個奇怪的問題，或許你的腦中會浮現一堆問號。其實這是我在指導的研討會或研習課程中，一開始會玩的使用數字的遊戲。特別是年輕商務人士較多的場合。

自認對數字不擅長的人，也都覺得不可思議地笑著回答「Q1」。至於「Q2」就有點難回答了。我個人對Q2的回答是：「我非常喜歡吃麻婆豆腐，每星期會吃一到兩次。因為太喜歡麻婆豆腐了，所以我成立一個麻婆豆腐社團，現在已經是一個擁有五十位成員的大社團了。」

▼使用數字並不是什麼特別困難的事

為什麼這樣的遊戲可以讓人輕鬆使用數字？那是因為人們會把數字當成表達想法的工具之故。更簡單地說，就是把數字當成文字使用。在此，我建議各位在工作時，內心要時時刻刻記得把數字當成「文字」使用。

「進公司第一年。」

「十一點時，我與主管共兩人將前往貴公司拜訪。」

「文件資料影印二十份可以嗎？」

在工作中，你是否很自然地這樣說話呢？可見使用數字這件事並不特別，也不困難。

3 計算是以「組合文字」來思考

▼從「數字＝文字」的觀點思考計算

在數字就是文字的概念之下，我們來思考「計算」這件事。

假設現在要算出獲利，通常會列出以下的計算式。

獲利＝營業額－費用……（1）

不用說，「獲利」、「營業額」、「費用」都是數字（＝文字）。

那麼，薪水是如何算出來的呢？一般都是利用下面的算式算出金額。

薪水＝基本薪資＋加班時薪×加班時間……（2）

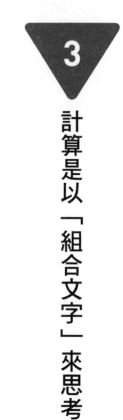

同樣的，算式中出現的也都是數字（＝文字）。也就是說，工作中的「計算」可說是使用四則運算（＋－×÷）組合文字的行為。

以（1）的例子來說，假如想要得到一億日圓的獲利，我們自然會去思考具體上「營業額」與「費用」需要什麼樣的數字（＝文字）。

若是（2）的例子，如果每個月想拿到三十萬的薪水，你的思考迴路可能就會假設一個月的加班時間如果訂二十個小時，必須向公司要求多少基本薪資才夠。

▼「計算」到底是什麼？

在工作中，絕對不會像學生時代的算術那樣，計算沒有任何意義的「5×4＋4÷2＝？」，一定會如前面單元所舉的例子那樣，組合數字與文字。

總之，在工作中計算時，都會經歷下列的過程。

思考「想要的文字（想計算的數字）」是什麼。
↓
思考要組合什麼樣的文字。
↓
以具體的數字取代這些文字。
↓
實際組合這些數字（計算）。
↓
得到「想要的文字（計算出來的數字）」。

這樣的概念就是「以數字思考」，同時也是商務人士「計算數字」的真正樣貌。

第 1 章

社會人士日常工作中應具備的基本數字概念

「淨收益三億日圓」很厲害嗎？

某天上午，新人走向公司準備上班。走在後方的前輩跟他打招呼。

前輩：「早啊！怎麼樣？工作做得還習慣嗎？」

新人：「啊，前輩早安。研習課程才剛結束，所以……」

前輩：「也是啦。反正不要急，慢慢做就好。對了，你有沒有看今天的晨間新聞？」

新人：「您是指哪一條新聞呢？」

前輩：「就是報導我們的競爭對手Ａ公司的決算金額。一年的淨收益據說是三億日圓。」

新人：「啊，三億日圓喔……請問，這算是很厲害嗎？」

前輩：「沒有啦（笑）。Ａ公司去年的淨收益可是有三十億日圓呢，也就是說減少了九成。」

新人：「那麼多喔……也就是說，與去年同期比有九十％的意思吧。」

前輩停下腳步，臉上浮現些微詫異的神情看著新人。

前輩：「……與去年同期比九十％？」

新人：「怎麼了？」

前輩：「你該不會把『與去年同期比』跟『衰退率』搞混了？」

新人：「……？」

前輩：「還有啊，競爭對手的相關數字都要大致瞭解一下比較好喔。」

新人：「好的……」

前輩：「因為新人一開始也會因為這些細節，而給人不同的印象與評價。」

新人：「您說的沒錯。我瞭解了。」

前輩：「對了，剛剛說到A公司淨收益三億日圓，如果除以新聞裡報導的員工人數，表示每位員工只生產三萬日圓的淨收益。」

新人：「一年三萬日圓，這麼少啊……」

前輩：「是的。這樣就算沒有非常瞭解A公司的情況，也能馬上知道是不是真的很厲害了。」

1 工作中使用的數字只有兩種：「實數」和「比率」

▼年收入五千萬日圓，很厲害嗎？

請想一位你喜愛的名人，無論是藝術家、運動選手、作家，任何人都可以。你腦中的這位名人的年收入有多少呢？還有，這樣的年收入是否很高？還是其實並不算高？

假設這位名人的年收入是五千萬日圓，你要如何說明這個金額很高（或是不高）？

你可能會找出日本人的平均年收入，或是與該名人相同業界的其他人的年收入、該名人過去的年收入等，比較其他數字來說明吧。

其實，商務人士在工作中使用的數字只有兩種，一種稱為**「實數」**，另一種就是比較兩個實數而得出的**「比率（％）」**。請記得在職場上，會使用的數字主要就是這兩種。

●以「比率（％）」呈現的案例

與去年同期比 ……與去年比較有多少？

舉例
如果與去年同期比是110%，表示今年比去年稍微增加一些。

男性比率 ……在整體之中，男性的多寡程度為何？

舉例
如果男性比率是55%，表示跟整體相比，男性的數量超過一半。

顧客滿意度 ……顧客滿意的程度

舉例
如果顧客滿意度是95%，表示大部分的顧客都感到滿意。

▼何謂「實數」與「比率」？

或許你對於實數這個詞彙有點陌生，其實實數就是如一百日圓、三人或是九十分鐘……這類的數字。就如大家說的，做生意就是運作人．物．錢，而表達人．物．錢所使用的就是數字，呈現實際狀態的就是「真實的數字」。前面提到的年收入五千萬也是實數。

另一方面，所謂「比率（％）」，就是如上圖中的數字。

顯示「好．壞」、「厲害．不厲害」等「品質」時，就會使用「比率（％）」這種數字。請注意圖中畫底線的部分。

工作上有時候並不容許出現「稍微」、「超過一半」、「大部分」等約略、含糊的表達。像這種時候，「比率」這種數字的任務就顯得很重要了。

▼必須區分使用的「只有兩種數字」

工作中使用的數字，就只有剛剛介紹的「實數」與「比率」兩種而已。

> 實數：呈現人・物・錢等東西的「量」時所使用的數字。
> 比率：顯示該實數「好・壞」的程度時所使用的數字。

請試著回想你昨天在某處看到的數字，或是嘴巴說出去的數字。你應該會用到實數或比率等任何一種型態的數字。

2 多數人都搞錯！「與去年同期比」以及「成長率」

你會計算比率（％）嗎？

為了慎重起見，讓我從頭說明比率（％）這個數字。

比率（％）＝比較數字÷整體數字×１００

如果重新檢視，可以瞭解比率（％）這個數字是由「比較數字」與「整體數字」所組成。換言之，比率（％）這個數字一定是由兩個實數計算而得。

使用比率（％）計算時，會圍繞在「比率」、「比較數字」、「整體數字」等三個數字。下面以簡單的例子來確認一下（三十三頁圖）。

▼小心不要顛倒！

沒經驗的商務人士有時候會把「比較數字」與「整體數字」搞混。請利用下列的思維來幫助理解，直到完全熟悉為止。

「相對於□，△是○％」
□：整體數字　△：比較數字　○：比率

次頁圖中，「與去年同期比」的數字，就是顯示相對於去年度的數字，今年度的數字是增或減。因此就形成「相對於三百萬日圓（去年度），三百三十萬日圓（今年度）是一百一十％」的結構。這時，請注意不要把去年度與今年度搞顛倒。

另外，有些人會以「成長率一百一十％」來表達三百萬日圓增加為三百三十萬日圓的事實。

所謂的「成長率」是指增加部分是整體數字的百分之幾。增加的金額是三十

●「比率（%）」這個數字的思考方法

比率＝比較數字÷整體數字×100
比較數字＝整體數字×比率÷100
整體數字＝比較數字÷比率×100

計算比率時

去年度的營業額是300萬日圓，今年度的營業額是330萬日圓，則與去年同期比是……

➡ 330÷300×100＝110（%）

計算比較數字時

員工總數800人的企業中，男性員工的比率為55%，則男性員工的人數是……

➡ 800×55÷100＝440（人）

計算整體數字時

某項調查中，回答滿意的顧客有380人，
得到顧客滿意度95%的結果。
調查對象的總數是……

➡ 380÷95×100＝400（人）

萬日圓，剛好是三百萬日圓的十％，所以表達方式應該是「成長率增加十％」。

如果是「成長率一百一十％」，假設去年度是三百萬日圓，則今年度就會成為六百三十萬日圓（因為增加了三百三十萬日圓〔＝300×110÷100〕）。

工作中會頻繁接觸比率（％）這種型態的數字。而且，有時候必須在腦中（或使用計算機）運用該數字快速計算。

雖然沒有必要成為心算專家，不過也請務必掌握比率（％）的重點，不要讓別人產生「什麼？這個數字對嗎？」的疑問。

3 只有「比率（%）」並不構成正確資訊

比率（%）的陷阱

比率（%）這個數字很狡詐。就如前面提過的，比率的背後一定存在著兩個實數。

或許改成這樣的說法比較容易理解：

只看「比率（%）」＝沒看到「兩個實數」

舉例來說，假設眼前有個「顧客滿意度八十%」的數字。如果光看到這個數字就覺得「太棒了」，這樣可就太危險了。因為這樣的解釋，表示你完全忽略存在於比率背後的兩個實數。

例如，請試著思考下列A與B的案例。

A：在極普通的顧客中任選五人做問卷調查，有四名顧客回答滿意。
B：對一千名超級優良顧客做問卷調查，有八百人回答滿意。

A與B的顧客滿意度都是八十％。但是，A的調查對象只有五人而已，這個八十％的結果是否值得信賴還有待質疑。另外，由於B案例的調查對象是超級優良的顧客，所以反過來說，有二十％沒有回答滿意，這樣的事實也可說是重要的參考資訊。無論如何，光看顧客滿意度八十％的數字，是無法做出「很讚」的評價。

▼時時記得「分母多少？」的基本概念

使用比率（％）這樣的數字來解讀「好・壞」、「厲害・不厲害」等「品質」時，最重要的就是一定要掌握「整體數字」。遇到這樣的案例時，一定要先釐清一件事。

「這個比率（%）的分母（整體數字）是多少？」

以分數表示比率（%）時，要確認分母的數字。光是具有這樣的基本概念，就不會落入前面提到的陷阱。

「每年增加十%」所代表的意涵

在這裡，介紹一個有助於瞭解比率真正意涵的案例。

請先看下面這句話：

「營業額每年各增加十%。」

請問你如何解讀這句話呢？

令人感到驚訝的是，即便是如此簡單的表現方式，（就我眼見所及）居然也有兩種解讀。

具體來說，解讀就如次頁的圖表所示。

●對於「每次增加10%」的兩種解讀

「營業額每年各增加10%。」

⬇

案例1

年度	2015年	2016年	2017年	2018年
營業額（萬日圓）	1,000	1,100	1,210	1,331
成長率	-	10%	10%	10%

案例2

年度	2015年	2016年	2017年	2018年
營業額（萬日圓）	1,000	1,100	1,320	1,716
成長率	-	10%	20%	30%

〈案例1〉通常指成長率十%的情況。

〈案例2〉指每年的成長率會以十%的幅度增加。

如果說「營業額每年各增加一百萬」，或許大家就會有共同認知。

然而，如果以比率（%）這個數字表達，就有可能產生兩種解讀。若未先搞清楚這個十%的分母是什麼，就可能產生誤解。

反過來說，如果你是發信方，這也是你一定要注意的重點。

使用比率（%）這個數字時，請確實掌握應注意的基本概念。

4 配合對方的標準改變數字

雖然形容的是同一件事……

「成年男性」、「年長男性」、「大爺」、「歐吉桑」、「大叔」。

雖然以上詞彙講的都是同一件事，但是用詞不同，對方接收到的感覺也會產生微妙的變化，在日常生活中經常出現這樣的狀況，而我們也會根據ＴＰＯ（Time時間、Place地點、Occasion場合）選擇適當的詞彙。

數字這種文字若搭配ＴＰＯ，就更容易協助你傳達訊息。

接下來「使用數字的基本原則」中，將介紹的是有彈性地改變表達方式的重要性。

賈伯斯的「除法」

說明使用「除法」的傳達方式時，我總是會介紹這個例子。

「到目前為止，我們總共賣出四百萬支iPhone，四百萬除以兩百天，平均一天賣出兩萬支。真是太驚人了！」

史蒂芬．賈伯斯

已故的賈伯斯非常擅長做簡報（當然包含我個人的主觀看法），也能夠以極簡潔的內容做簡報。為什麼這樣的人物在極短的簡報時間內，要特意使用除法再說明一次呢？

我個人的解釋是因為「標準」的緣故。

四百萬支手機——這是非常令人印象深刻的數字，然而一般消費大眾卻難以理解，四百萬到底有多厲害。

也就是說，四百萬支手機與聽眾能理解的標準不合拍，所以賈伯斯要把標準改為符合聽眾標準的數字。他把同樣的內容改成「平均一天兩萬支」，以不同的數字重新說出他想傳遞的訊息。

●「上個月的營業收益是1,800萬日圓」的各種表達方式

對於標準放在「與上個月比增或減」的前輩

「上個月的營業收益是1,800萬日圓，
比前一個月增加20%。」

對於標準放在「人員效益」的課長

「上個月的營業收益是1,800萬日圓，
相當於每位員工創造200萬日圓收益。」

對於標準放在「時間效益」的經營者

「上個月的營業收益是1,800萬日圓，
相當於每小時的營業時間創造10萬日圓收益。」

▼何謂「配合標準的數字」

這個基本概念經常出現在生活周遭。

例如，根據日本厚生勞動省發布的二〇一五年人口動態統計資料顯示，該年結婚的數量有六十三萬五千一百五十六對，離婚則有二十二萬六千兩百一十五對。

如果想強調離婚率高，就可能聽過「每三對夫妻就有一對離婚」的說法吧。聽眾也很容易感覺「好像真的是這樣呢」。

- 一顆檸檬所含的維他命C含量。
- 一茶匙的砂糖。
- 每五秒就賣出一個的人氣商品。
- 每一名員工一年只創造三萬日圓收益的公司。

我們經常聽到這類的表達方式，都是為了配合對方的標準而轉換的用法。如果能夠配合對方而改變說話內容，「上個月有一千八百萬日圓的營業收益」這樣的事實，就可以如前一頁的圖表所呈現的那樣，以各種方式表達。

為了配合對方，應該改成什麼數字表達？這是測試實力的重點，請務必嘗試運用看看。假如主管的回應是：「啊，是這樣呀。」表示你的表達方式成功了。

5 把「非數字的資訊」改成「數字」

以數字表達意義模糊的文字

在「轉換」這個關鍵字上，還有一點要先說明。前一單元的內容是說明以其他數字取代原來的數字。不過，在工作中也需要以數字取代非數字的資訊。舉例來說，營業額、工作人員數量、薪水、通勤時間等，從一開始就是以數字呈現。但是，在職場上還有許多事情是無法像這樣直接以數字表達的。

例如以下幾個案例。

「這件事要盡快處理。」
「稍微打個折扣就可以大賣特賣了。」
「我會努力的！」

以上都是正向且積極的說法。但是應該不是只有我一個人質疑「具體來說到底指什麼？」

所謂「盡快」是指到什麼時候為止？「稍微」是指可以折扣多少？「大賣特賣」的程度有多少？另外，具體來說，什麼事做到什麼樣的程度才算「已經努力過」？

假如你的主管是優秀的商務人士，你一定會受到主管如此指摘。把非數字的文字轉換為數字——只要是身為商務人士，就應該具備這樣的工作技能。

▼自問「是多少？」

真要實踐起來一點也不困難。在對方質問你「具體來說是多少？」之前，就先自問「具體來說是多少？」然後轉換為大概的數字，就是如此而已。

「這件事從現在起兩小時內會處理完畢。」
「最多降十%，以每天五十個的速度銷售。」

「這個月有前輩陪同接的訂單比上個月多十筆，其中有兩筆由我主導洽談。我會努力加油，目標是簽下其中的一筆訂單！」

與四十三頁的文字敘述相比，哪邊的職場對話比較精準，不言可喻。

把非數字的敘述轉換成數字，就是這麼一回事。

▼如果被問到「是多少？」你就出局了

我有許多機會在企業研習課程或公開講座中，聽取學員的說明或簡報。但是，針對他們發表的內容，我總會再三地詢問：「具體來說到底有多少？」

有人會詞窮，偶爾也有人會明顯露出厭惡的表情。因為這是我的工作，所以我也會有意地一再詢問。

我一再詢問的另一個理由，是當他們回到工作岡位時，主管也會問他們相同的問題，為了預防他們得到負面印象或評價，所以我不得不在現場一再詢問。

「在職場上，如果被問到『是多少？』你就出局了。」

如果抱持著這樣的警戒心態面對工作，基本上就不會犯錯。

因為一旦被問「是多少？」，就證明你沒有轉換應該轉換為數字的資訊。所謂基本工作絕非困難工作，也不是你做不到的工作。而是去留意很容易就不小心犯錯的地方。

還有，避免那些只要肯動手就可以，卻不願去做的「怠惰」，僅此而已。

▼有意識地把數字加入對話之中

我個人非常推薦在商業對話中多多運用數字，我稱這種對話是「數字會話」。

利用數字說話，所以稱為「數字會話」。這樣的會話內容，從小朋友到大人都能夠理解，而且數字也是全世界流通的共通語言。特別是在商場上，數字可以說是極重要的要素。

現代雖號稱為全球化時代，但大部分的人卻只注重英語力而忽略數字力。事實上，後者才是為你與他人帶來差異的工具。將在未來時代活躍的社會新鮮人們，請務必學好「數字會話」。

專欄1 社會人士的必備工具──「計算機」

「假設這批庫存（五百個）的平均成本是三十%，如果折價十%全部賣光的話，毛利有多少呢？」

當你成為社會人士，會議中將經常聽到這類的對話內容。如果這時迅速開始計算，十秒左右能給出答案就太帥了。

不過，心算不夠強的人，手邊要是沒有計算機就很難算出答案吧。

從學生時代就把報告內容存在手機的年輕人，或許會認為「智慧型手機裡就有計算機APP，沒問題的。」

然而，我在各種企業的研習課程中，經常看到使用計算機APP的人犯了很基礎的錯誤。另一方面，使用計算機計算數字的人，則通常作業正確，也更快速。

對於社會人士而言，計算機的存在是重要的。辦公桌就更不用說了，參加會議或外出時，也請務必隨身攜帶計算機。

第 2 章

邏輯思考法讓你確信自己「已經思考周全」

確實思考，確實說明

新人A與同期進公司的B剛好在回家路上相遇。因為也想聊聊近況，於是兩人在附近找家咖啡店，開始進行作戰會議。

新人A：「唉……」
新人B：「哎呀，嘆氣了。怎麼了？」
新人A：「我問你喔，所謂工作的『優先順序』，要怎麼決定啊？」
新人B：「進公司之後馬上舉辦的研習課程中，不是有提到這部分嗎？」
新人A：「那個早就忘了（苦笑）。你是怎麼做的？」
新人B：「嗯，不知不覺就這樣做……」
新人A：「不知不覺呀……其實我也是這樣耶。」
新人B：「所以啊，就算你用腦筋想也搞不清楚。總之，不管做什麼，只要工作有進度就好了，我是這麼認為啦！」
新人A：「其實，今天主管要我說明『為什麼用那樣的優先順序工作？』」

新人B：「哇，聽起來挺麻煩的……你怎麼回答呢？」

新人A：「我說『不知道為什麼就這樣決定了』。」

新人B：「然後呢？」

新人A：「被罵啦！他說『你確實思考一下，再來跟我確實說明』。」

新人B：「（笑）」

新人A：「這並不好笑！」

新人B：「啊，抱歉。但是，你主管說的『確實』指的是什麼啊？」

新人A：「不知道……」

新人B：「……」

新人A：「不過，如果用『不知道為什麼』的態度，就真的沒辦法跟主管說明了！」

1 先確認「前提」，再開始行動

▼何謂「確實思考」？

「思考」是工作中不可或缺的要素。思考雖然是基本行為，然而大部分的人應該都沒有確實接受過思考的訓練吧？

例如，你是否也曾經被主管提醒「確實思考後再行動」？

這個所謂的「確實」指的到底是什麼？如果搞不清楚「確實」的定義，那就永遠無法做到「確實思考」。

因此，我們先來清楚定義「確實思考」吧。舉例來說，「確實思考」指以下兩點：

- 邏輯思考
- 使用數字思考

●A與B對於工作的想法

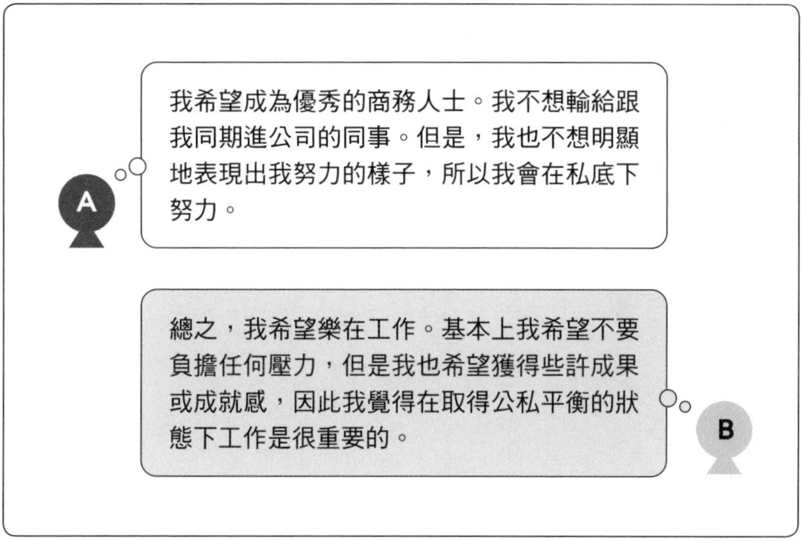
A
我希望成為優秀的商務人士。我不想輸給跟我同期進公司的同事。但是，我也不想明顯地表現出我努力的樣子，所以我會在私底下努力。
B
總之，我希望樂在工作。基本上我希望不要負擔任何壓力，但是我也希望獲得些許成果或成就感，因此我覺得在取得公私平衡的狀態下工作是很重要的。

首先，請想想所謂「邏輯」指的到底是什麼？

▼何謂「邏輯思考」？

大家可能都聽過「邏輯思考」。簡單地說，邏輯思考就是合理的思考方式。例如現在有兩名新人，請比較A與B對於工作的看法（上圖）。

A在私底下努力的理由是：「不想輸給同期的同事」以及「不想被別人看到自己努力的樣子」。這是合理的想法。

另外，A希望成為優秀商務人士的前提是「不想輸給同期的同事」。

另一方面，B的想法也是合理

的。B「希望工作不要有壓力」，前提是來自於樂在工作的信念。

有了前提之後，想法才會出現，想法決定了，才會有後續的行動。

以上是做到邏輯思考、行動的基本概念。

首先，我想說的是在工作的各種場合中，確認「前提」是極為重要的。能夠「確實思考」的人指能夠確認前提之後再思考、行動的人。

▼前提錯誤，後面做的一切都不對

假設現在要製作三天後會議需要的資料，這時應該確認的前提是什麼呢？

- 單色資料？彩色資料？
- A4大小？B5大小？
- 一定要濃縮在一張紙上嗎？還是多張也可以？

假如是我的話，我會先確認是誰要在會議中使用這些資料說明。是主管嗎？或是自己？因使用者的不同，製作資料的方式也會隨之改變。假如是自己負責說明，就需要練習說明內容。

令人意外的是，主管交辦事情時，經常一不留神就忘記說明前提，屬下也照著主管的指示作業。但是，一旦前提設定錯誤，後面的工作結果就都化為泡影。為了避免這類悲劇發生，動手作業前請務必記得「確認前提」。

2 使用「數學語言」就能夠以邏輯思考並確實說明

▼何謂「數學語言」？

本單元將針對邏輯思考這個主題，做更進一步的說明。

許多人對於邏輯這個詞彙感覺很深奧。「聽起來好像很難」、「懂邏輯的人好像很聰明」。其實只要掌握一個非常簡單的訣竅就可以了。

這個訣竅就是在職場上運用次頁表中定義的「數學語言」說話。

「數學語言」一詞是我自創的，也是以前學數學時，經常使用的詞彙。或許一開始會覺得好像有點困難，但其實定下心來仔細查看，你會發現數學語言幾乎都是大家平常使用的接續詞。

▼使用數學語言，將兩句話併成一句話

數學語言的功能是表達前後兩句話的關係，並將這兩句話整理為一句話。圖

●主要的數學語言

功能	數學語言
轉換	「換句話說」、「反過來說」
對立	「不過」、「另一方面」、「但是」
條件	「同時」、「或是」、「至少」
追加	「而且」、「更進一步」、「另外」、「還有」
假設	「假設」、「假如」
因果	「所以」、「因此」、「亦即」
理由	「之所以如此（因為）」
總結	「總之」、「總而言之」
結論	「綜合以上的說法」

使用案例

前輩說OK了。另一方面，主管卻說不行。

同行參加約會或是製作資料，應該優先選擇哪一個呢？

這件工作我做不來，因為我完全沒有相關的經驗。

表中的三個案例就是代表性的例子。總之，思考事物或是在腦中整理、歸納時，數學語言是很有幫助的。

假如職場上有主管或前輩「說話總是簡單易懂」，或是讓人感覺「這個人一定是工作能力強的人」，請仔細聽聽這個人平常的說話內容。

「失敗經驗讓人成長，**換句話說**，經歷過多次失敗將促使人快速成長。」
「我認為應該進行A案，**另一方面**，山田是建議先做B案。」
「請迅速**且**確實完成這項工作。」
「三天後就是交件日期了，**而且**我少一個人手來幫忙。」
「**假設**離開現在這家公司，你保證可以順利找到下一個工作嗎？」
「我不僅有實績也有相關經驗，**因此**我認為我能夠適任這項工作。」
「我現在沒辦法回答，**因為**我正在處理緊急問題。」

就像這樣，你應該會發現這種人在日常對話中就會不經意地使用「數學語言」。說話簡單易懂的人毫無例外，都是擅長在腦中整理、歸納的人。建議讀者敏銳地觀察這種人都使用哪些語言。

▼使用的語言建立思考迴路

一般來說，如果有意識地使用正向語言，人就會愈來愈接近正向思考。至少我還沒見過滿口負面語言的人會擁有正向思考。

同樣地，有意識地使用數學語言，自然就變得能夠用「邏輯思考」。千萬別想一下子就改變「想法」，請先試著改變你自己的「使用語言」。

3 自問「為何會這樣」與「因此」

像這種時候，該怎麼辦？

數學語言中，特別重要的就是「為何會這樣」與「因此」。請試著思考下列案例。

〈案例〉

針對某項工作的做法，詢問兩位早你一屆的前輩。然而，這兩位前輩卻給了完全相反的指示，因此你陷入不知該如何是好的困惑中。請問這時該怎麼辦？

絕對不可以說「我會設法完成」或是「我會用自己的方法努力看看」。特別是剛進公司不久的新人，絕大多數的人都會自己想辦法完成。況且指導的還是只有一年資歷的前輩。前輩的指示是否恰當也要抱持存疑的態度。

正是這樣的時候，更需要「確實思考」，也正是進行邏輯思考的時候。如果是你，會如何思考並決定實際行動呢？

▼「為何會這樣」與「因此」

進行邏輯思考時，請先試著問自己「為何會這樣」。如此一來，你就能夠思考接下來應該考慮什麼，或是應該說什麼，並填入「」中。接著，如果理由夠清楚的話，再根據這個理由思考下一步要怎麼辦。這時，就可以問自己「因此」，思考下一個「」要填入什麼。

「我苦惱著不知該如何是好。」

←（為何會這樣）

「因為我大概無法照目前的狀況自行判斷。」

←（因此）

「直接找課裡的最高指導者，也就是課長直接討論，依課長的指示正確行

動。」

雖然只進行一回，不過透過使用「為何會這樣」與「因此」，就能夠判斷最恰當的行動為何。

▼如果確實思考，下次就不會遭遇失敗

「為何會這樣」與「因此」不只有助於判斷事物，遇到失敗時，也有助於分析失敗的原因，甚至能夠幫助你檢討未來應該採取的策略。

「總之，先找兩位前輩討論。」

↑（為何會這樣）

「說起來，這樣的內容我也不知道應該找誰商量。」

↑（為何會這樣）

「因為是沒有經手過的專案」

↑（因此）

「未來如果遇到類似的案例，首先要確認可以商量的對象才對。」

↑（因此）

「如果對於未經手過的專案感到苦惱，先找課長確認『應該找誰討論』。」

如果是這樣的思考脈絡，這次的經驗就有助於下次進行改善。所謂「確實思考的人」就是能夠進行這種思考作業的人。

▼如果問自己，就能夠以邏輯思考

這單元要表達的是以下兩個重點：

- 想找出原因或理由時，問自己「為何會這樣」。
- 思考具體做法時，問自己「因此」。

最重要的是自問自答。透過數學語言自問自答之後，就能夠進行邏輯思考。

我們不就是因為他人提問，才開始思考的嗎？舉例來說，當身邊的伴侶問：

「你是怎麼看待我的？」這時你才會確實思考實際對對方的看法，再把腦中的想法說出來。

又好比講師完全不提問的研習營或研習課程，學員會自己主動「思考」嗎？應該都是講師提出一個問題後，學員才會具體思考或討論吧。

總之，若想要促成思考這項行為，接受提問是有效的做法。只是，每次都要找人提問，這樣的做法不夠實際，自問自答才是最合理的做法。

私人時間就先不提，如果是在職場上，請務必培養自問「為何會這樣」與「因此」等兩個數學語言的習慣。

4 養成「一分鐘摘要」與「一行摘要」的習慣

沒有「歸納」效果的「總之」

相信每個人都知道歸納很重要。

工作時就不用說了，就算是學生時代的專題討論或求職活動，也經常有機會被要求做歸納說明。像那樣的時候，需要使用的就是數學語言中的「總之」、「總而言之」等詞彙。

不過，並不是單純使用這些詞彙就表示做好歸納。也有人說出「總之，〇〇〇」，結果〇〇〇的內容完全不是歸納的結果。相信許多人聽到這樣的舉例，都能夠點頭認同。因此，本單元將教導各位做好「總之，〇〇〇」的歸納訣竅。

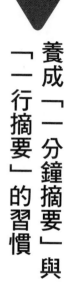

▼自己建立一個不得不受限的狀況

如前所述，「總之」是傳達已歸納事物時使用的語言，也就是說，應該是確實思考後的發言內容。

那麼，這個「確實思考」指的是什麼呢？重點是你必須具備以下兩個觀點：

> 假如只有一分鐘。
> 假如只有一行字。

人一旦受限，就會在該範圍內設法做些什麼。例如，如果一星期只能花三千日圓，人就會設法縮衣節食。類似這樣的情況，只要強迫自己建立一個必須歸納不可的狀況就好了。

以下舉一個具體案例。

下面的文章是某位新人對主管簡單報告競爭對手的現狀。只是，如果要完全照內容說明的話，大概要花三分鐘左右。

因此，如果從「假如只有一分鐘」、「假如只有一行字」的觀點，擷取內容的重要部分，自然就可以做好歸納。

報告內容（如果有大約三分鐘的時間）

以下我將以決算資料的資訊為主，報告A公司的現況。

四月二十八日，二〇一七年三月期（國際會計基準）的合併決算內容，營業額與去年同期比減少八點二％，為兩兆兩百八十八億日圓，表示公司本業利潤的營業收益減少了六十六點九％，為三百三十八億日圓，淨收益減少九十四點五％，為三十四億日圓。總之，A公司大幅度減收減益。

A公司在二〇〇八年金融風暴之後停止成長。雖然二〇〇七年度的營業額有兩兆兩千一百九十九億日圓，連續十四年增加收益，但是在那之後，營業額就停止成長。即便如此，公司的組織結構依舊龐大。具體來說，就是成為一個高成本結構的企業。

我確認過「高成本結構」的象徵——人事費。二〇一二年度有四千三百八十八億日圓，到了二〇一五年度則膨脹到五千一百二十四億日圓。

目前員工人數也一樣龐大。二〇〇七年度底的員工人數約八萬三千人，到了二〇一五年度底，膨脹到十萬九千人，大約增加了兩萬六千人。

可能是公司已經產生危機感，在二〇一六年度的一年內裁員三千七百人，即便如此，公司員工還是多達十萬五千人。

假如只有一分鐘的時間

關於A公司的現狀，最近的數字是淨收益減少了九十四點五％，收益大幅減少。二〇〇八年金融風貌之後，A公司雖然停止成長，但是員工人數依舊龐大，這點可能是快速造成「高成本結構」的最大主因。

假如只有一行字

無法跳脫「高成本結構」，最近的數字是淨收益減少了九十四點五%。

如果不擅長歸納，一旦設定這個「一分鐘」、「一行字」的限制，任何人都能夠確實說出「總之，○○○」。

或許有人會擔心這樣無法完全傳達訊息。不過，假如對方對於只有「總之，○○○」感覺不夠充分，想知道更詳細內容的話，就一定會提問。這時再根據問題適當回答即可。

5 任何人都能簡單決定的「加權計分評量」

▼幫助「決定」的數字使用法

本單元將說明什麼是「使用數字思考」。

在序章曾提過使用數字的好處是「能夠做決定」。任何工作都無法避免「做決定」這個行為。

因此，以下將說明必須做決定時，非常有幫助的數字使用法。

首先是「加權計分評量」。這是任何人都能夠使用，而且是非常簡單的決定方法。

順序就如次頁圖所示。

▼「判斷標準」與「重要程度」

以下舉一個身邊的具體案例。

●加權計分評量的四個步驟

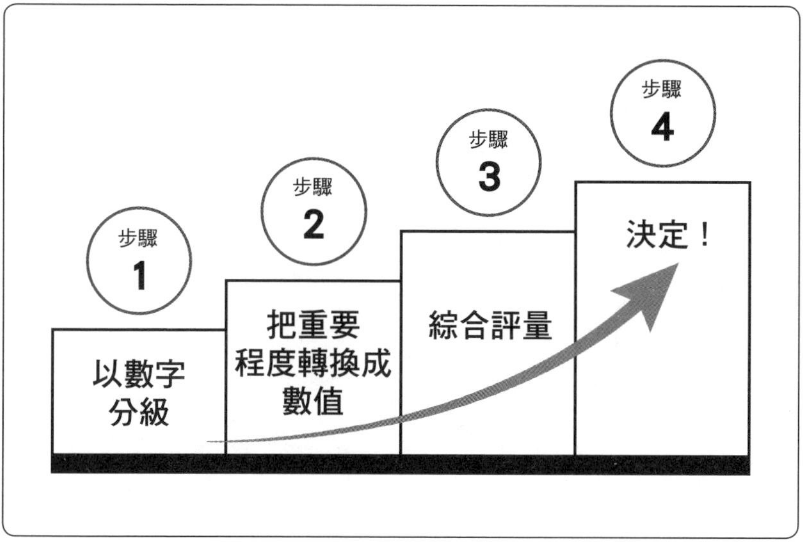

假設要籌備一場朋友見面的餐會，並決定聚會的餐廳。這時你內心會有哪些判斷標準呢？

這裡有A、B、C三家店可以選，而判斷標準是「價位」、「交通方便性」、「美食網評分（分數）」等三項。

接著互相比較這三家店，然後歸納最後的評量結果（七十三頁〈表1〉）。假設在「價位」項目的「合理」、「交通方便性」的「近」以及「美食網評分」的「分數」得分高的店都算是「優良」，然後優良者可得三分滿分，再分別為各項評量打分數（七十三頁〈表2〉）。

結果在這個案例中，三家店的總分（綜合評量）都是六分。這樣就沒辦法決定了。在此，請試著把三個評斷標準之「重要程度」轉換成數值。例如，如果是平日工作結束後舉辦的餐會，則參加者方便抵達的場所或許就是最重要的考量因素。

其次重要的是某種程度能夠信賴的「美食網評分（分數）」，至於「價位」則不用太在意。像這樣以③、②、①的型態將各評量項目的重要性轉換成數值，再計算各店得到的總分。

例如A店的「交通方便性」本來獲得二分，但因為重要程度達到③，二分乘上三倍價值就得到六分。這麼一來就可以評量應該選擇總分（綜合評量）十四分的B店，也能夠毫不猶豫地做決定了（七十三頁〈表3〉）。

▼擁有「分級」的勇氣

這樣的加權計分法在工作場合中被頻繁使用著。像是必須在多個選項中選出一項時，就會用到這個方法。

具體來說，你能夠思考下列幾個問題嗎？

●選擇店家的「加權計分評量」

表 1

店	價位	交通方便性	美食網評分（5分滿分）
A	較為合理	普通	3.2
B	有點高	很近非常好	3.5
C	普通	很遠不方便	3.9

表 2

店	價位	交通方便性	美食網評分（5分滿分）	綜合評量
A	3	2	1	6
B	1	3	2	6
C	2	1	3	6

得分相同無法決定！

表 3

重要程度	①	③	②	
店	價位	交通方便性	美食網評分	綜合評量
A	3×①＝3	2×③＝6	1×②＝2	11
B	1×①＝1	3×③＝9	2×④＝4	14
C	2×①＝2	1×③＝3	3×②＝6	11

根據綜合評量的總分，能夠決定選擇B店！

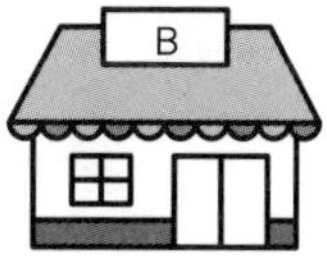

・從數個選項中選擇下單的廠商時。
・從手邊的幾項工作中，選擇應該先著手處理的工作時。
・向主管說明自己決定的內容時。

不使用數字的定性（從性質面呈現）討論或說明，永遠無法明確做出區別。另一方面，因為數字有大小之別，透過加權的方式，就能夠明確做出差異。以結果來說，就能夠獲得「決定的理由」。

從這個意義來說，這個行為的本質也可以說是「分級」吧。步驟一為各個評量項目分級，步驟二則是為重要程度分級。也就是說，下定決心分級是極為重要的。

任何事情都一樣，做決定時，必須具備些許的決心與勇氣。只要有那樣的勇氣，數字就會成為你強而有力的武器。

6 有能力的人才會！把「價值」轉換成數值的技術

試著以金額表示洽談的價值

如果使用數字，就可以找出「決定的理由」。這不是只能運用在「加權計分評量」方面。接下來，我將說明在工作中經常使用的「把價值換算成數字的方法」。

來思考一個簡單的例子吧。假設你是業務負責人，因為希望A公司、B公司購買十萬日圓的產品，所以與這兩家公司洽談。次頁圖的思考方式把價值換算成金額，如此就能知道與這兩家公司洽談各具有多少價值。

當然，與A公司洽談具有較高的工作價值，另外也可以算出在目前的時間點上，與A公司、B公司進行兩次洽談的工作共具有十四萬日圓（九萬日圓＋五萬日圓）的價值。如果運用這樣的數字，就可以針對目標營業額，思考實際上還需要接多少單或是安排幾次洽談，藉以計畫工作內容。

●算出兩家公司的洽談金額

與A公司的洽談，感覺非常好

成功率 90% → 洽談換算成金額
10萬日圓×0.9＝9萬日圓

與B公司的洽談，坦白說感覺成功率一半一半

成功率 50% → 洽談換算成金額
10萬日圓×0.5＝5萬日圓

從多個選項中選出其中一項時，使用這種把價值轉換成數值的方法來幫助選擇是非常方便的。例如，假設你是業務負責人，對X公司、Y公司各提出一百萬日圓、五十萬日圓、十萬日圓等三種產品的提案。各產品能否拿到訂單？你先用感覺大致算出數值（次頁圖）。

各產品的成功機率換算成金額之後，得到X公司是一百零四萬日圓，Y公司是一百一十六萬日圓。如果你單純認為應該優先處理高價訂單的話，那就應該積極對Y公司多加運作。這樣的金額換算同時也產生數字大小，所以這也是決定優先順位的方法。

●應該優先對哪家公司進行業務活動？

	X公司		Y公司	
	價格（萬日圓）	感覺（機率）	價格（萬日圓）	感覺（機率）
產品A	100	50%	100	90%
產品B	50	90%	50	50%
產品C	10	90%	10	10%

X公司的期望值

100×0.5＋50×0.9＋10×0.9＝ **104** （萬日圓）

Y公司的期望值

100×0.9＋50×0.5＋10×0.1＝ **116** （萬日圓）

▼如果能做到這點，主管就會對你另眼相看

這種換算金額的思考方式，就算不是業務員，也有許多場合可以運用。舉例來說，假設在管理部門工作，為了降低公司成本，你提議引進系統。

估計引進系統後，一年可減少一億日圓的成本。假設提案後，通過部門會議的成功率大約五十%，接著得到總經理同意的成功率也大約五十%，最後獲得社長裁決通過的成功率大約十%。若是這樣的話，引進系統的提案工作價值就可以換算成以下的金額。

1億日圓×0.5×0.5×0.1＝250萬日圓

也就是說，引進系統的提案工作本身相當於二百五十萬日圓的價值。如果其他工作也以同樣的思考方式大略換算成金額的話，就容易判別應該優先處理哪件工作，而且與主管討論時，也可以使用這樣的思考方式。

「大概換算成金額的結果，這件工作的價值更高，我想應該最優先處理，不知您意下如何？」

請務必同時使用這樣的措辭。透過數字的呈現，也能夠顯示你「確實思考過」。如果看到你有條理地使用數字說明，主管一定也對你另眼相看吧。就算主管的想法與你的意見不同，那也應該由主管確實且有邏輯地透過數字指引你正確的方向才對。

7 以「假設」與「乘法」掌握大略數字

把「大概是這麼多」換算成數值

第一章說明了避免讓主管問你「具體來說是多少?」的重要性。但是，這世上無法立即測量（計數）的事情實在太多了。

雖然有點唐突，不過請想像一下離你家最近的車站。請問該車站一天的乘客人數大概有多少人呢?

當然，去車站計算進出站人數的做法並不實際，但若是想在最短時間內掌握大概的數字，使用「假設」這個數學語言與「乘法」，就能夠簡單掌握大概的數字。下面，我試著來計算我實際進出的最近車站的乘客人數。

最近的車站的乘客人數有多少?

假設離我最近的車站的營運時數是從早上四點至隔天凌晨零點，共計二十個小時。首先試著概算乘客人數。先將車站的時間帶分為三段，想像通過剪票口的人數，並且設定數值。

假設從早上四點鐘開始的兩個小時之內，每十秒就有一人通過剪票口。接下來就是換算成一分鐘、一小時有多少人。這樣就會得到在這兩個小時之內，總共有七百二十人進出車站，而這也是這個車站的乘客人數。

1（人）×6（每分鐘）×60（每小時）×2（每2小時）＝720（人）

用同樣的方法假設六點到十點、十點到十四點的時間帶與人數，並概略計算，如此就可以得到十個小時的乘客人數總共約有五萬人（次頁圖）。把這個人數簡單乘以兩倍，就可以推估乘客人數約有十萬人左右。

事後調查的結果，得知該車站每天的平均乘客人數大約是十三萬人。不過，只要在短時間內算出約略規模即可。

●最近車站的乘客人數

（單位：人）

	每10秒	每1分鐘	每1小時	總計
4：00～6：00	1	6	360	720
6：00～10：00	30	180	10,800	43,200
10：00～14：00	5	30	1,800	7,200

10小時的乘客人數
51,120人

↓

51,120×2＝102,240（人）

4：00～隔天0：00的20小時之間

乘客人數約10萬人？

▼計算出「有多少？」的規模

這樣的思考方式並不是單純的「腦力激盪」，而是商務人士都應該具備的「商業思考」能力。例如，請想想前一單元提到的，為了降低公司成本而打算引進系統的提案例子。

降低一億日圓成本的這個數字在提案的時間點上，是一個不存在世上的數字。但是，若想引進系統，無論如何都需要一個「多少？」的數字來協助判斷。總之，雖然是無法計算的對象，卻也是一個必須計算出來的數字。

假設估計引進系統之後，每小時

約可減少四萬日圓的成本。假設一天的工作時間是十小時，一年工作兩百五十天，你就可以透過下列的乘法得到一億日圓的數字。做法與前面計算乘客人數的例子完全相同。

4（萬日圓）×10（小時）×250（天）＝10000（萬日圓）＝1（億日圓）

像這樣約略計算的行為，相信任何人都可以簡單辦到。但是有一點要注意，那就是不要設定或計算得太詳細。

▼粗略的計算花三分鐘即已足夠

以計算乘客數的例子來說，就算把最開始設定的「每十秒鐘」改成更精細的「每一秒鐘」，最後得到的數字規模應該也差不了多少（倒不如說，精密設定反而會增加計算的困難度）。

總之，並不是花時間、詳細設定就好。請記住把目標設定在「三分鐘就能結束的程度」。

算的數字上。

無論是三十分鐘或是一個小時，忙碌的上班族不應該把時間花在計算無法計

「確實思考」會戲劇性地改變他人對你的印象

加權計分或是把價值換算成數值等做法有一個共通點，就是把定性且模糊的狀態具體轉換成數量，這個方法也是在職場上能夠讓他人對你另眼相看的技術。

另外，前面提過的「邏輯思考」則是所有商務人士都應具備的基本技能。

如果是社會新鮮人，無法取得重大成果當然是無可厚非。但其實旁人看你的重點不在於你是否獲得成果，而是你是否能夠先靠自己的能力確實思考。新人光是做得到這點，就能夠給對方帶來好印象、獲得正面評價。

反過來說，如果做不到這點，對方對你的印象與評價就會驟然下降。

本章內容講的就是商務人士應該具備的重要技能。

專欄 2 任何人都認可的決定方法

這是我以前在企業工作時的經驗。

當時約有六名成員共同討論公司舉辦尾牙的場地，但是遲遲無法做出結論。

為此感到惱火的我毅然決然提出本章介紹的「加權計分評量」方法。我正是引用七十頁介紹的計算過程獲得結論，並提出給其他成員參考。

針對該結論，沒有任何人提出反對意見，表示他們都同意這個結論吧。

接著，現場有人說了一句：「如果一開始就用這個方法就好啦（笑）！」至今我仍忘不了那句話。

工作中使用數字的狀況各有不同。

決定某件事或是討論遇到瓶頸無法突破時，請務必下定決心挑戰「利用數字解決」的方法。

第3章

利用數字報告・提出意見，讓他人另眼相看

該如何配合TPO才好？

主管：「你簡單報告上週的業務狀況吧。」

新人：「好的。我上禮拜進行的洽談有五件，其中兩件有田中前輩同行。」

某個週一早晨，新進的業務人員向主管報告上週的工作內容。

主管：「然後呢？」

新人：「感覺非常好。特別是A公司，或許會簽一筆驚人的訂單。」

主管：「『驚人』這樣的形容很不清楚。你提出什麼樣的提案呢？」

新人：「我們討論了很大的訂單量，看起來會做出大量的業績。」

主管：「『很大』或是『大量』具體到底是多少啊？」

新人：「啊，嗯……請稍等一下，我確認一下正確的數字。」

主管：「……」

新人慌慌張張地回到辦公桌確認自己的筆記內容，絲毫沒有察覺主管的臉色愈來愈難看。

新人：「嗯，我應該有做筆記才對……」

主管：「你只要講個『大概』的數字就好。」

新人：「欸？喔，好。我知道了。」

主管：「順帶一提，上禮拜我聽客戶說公司的產品出現不良品，詳細情況是怎樣？」

新人：「是的，我也知道這件事。我記得數量大概是五十個……」

主管：「這種事如果說『大概』就麻煩了！確定正確的訊息後再跟我報告，不然我無法跟社長報告。」

新人：「……？」

1 以「資訊→數字→資訊」的順序報告

報告要盡量使用數字

第三章的主題是「報告．連繫．討論」。

在工作中，「報告．連繫．討論」是非常重要的溝通手段。因此，也希望各位要注意「報告．連繫．討論」的正確做法。

舉例來說，當主管要求「簡單報告一下上週的業務狀況吧。」你就不能說：

「目前正往目標前進，感覺很好。就跟我預測的一樣！」

雖然這只是一個例子，不過如果報告內容如下面舉的例子，就很理想了。

「正朝著目標前進。我們的目標是六百萬日圓，目前實績已經有六百五十萬日圓。看起來消費者對於新產品的反應還不錯。」

●以三明治模式傳達數字

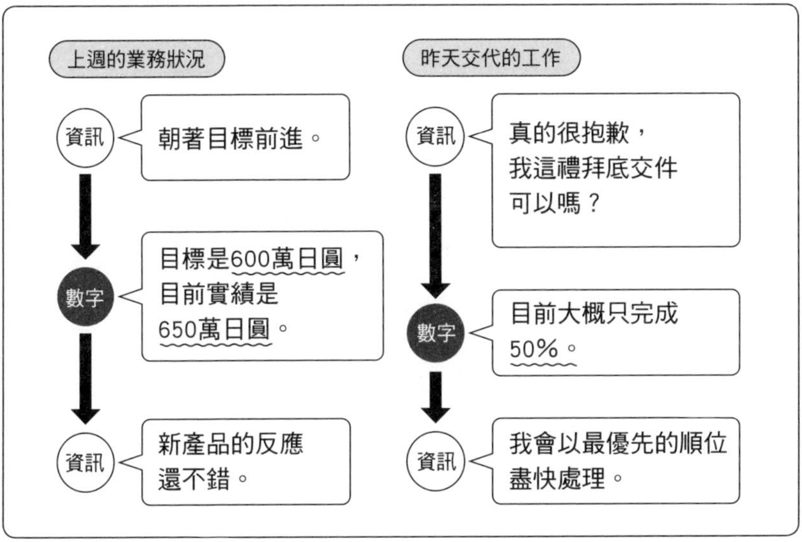
上週的業務狀況
資訊
朝著目標前進。
數字
目標是600萬日圓，目前實績是650萬日圓。
資訊
新產品的反應還不錯。
昨天交代的工作
資訊
真的很抱歉，我這禮拜底交件可以嗎？
數字
目前大概只完成50％。
資訊
我會以最優先的順位盡快處理。

或者主管向你確認「昨天交辦的事情，進行得如何？」你也應該以下面的方式回覆。

「真的很抱歉，我這禮拜底交件可以嗎？目前大概只完成五十％。我會以最優先的順位盡快處理。」

這兩個報告案例的共通點：一個是使用數字，另一個是使用「三明治模式」。

▼使用三明治模式的理由？

三明治模式是什麼？還有為什麼這種傳遞訊息的方法比較好？以下讓

我詳細說明。

請觀察前者的回答內容。

一開始說出「朝著目標前進」這樣的正面訊息。如果你這麼說，對方當然會覺得「真的是這樣嗎？」

因此，接下來就要提出具體且正確的數字來回應對方的疑問。接著，為了回應對方最後一定會產生的疑問：「那麼對於那樣的情況，你的想法為何？」你就要主動補充自己的想法或意見等資訊。

總之，三明治模式就是針對對方內心會產生的疑問依序回答的模式。如果採取這樣的傳遞方式，所要傳遞的訊息就會迅速進入對方腦中。

特別是面對主管等上級人物，若以這種模式傳遞，對方不用東問西問就能夠獲得所需資訊，是一個很有用的方法。

▼就如「數學公式」般地運用

當主管或前輩要求你報告時，如果判斷應該使用數字說明，請務必像套用數學公式般地使用「資訊↓數字↓資訊」模式說明。

●報告時使用的公式……「資訊→數字→資訊」

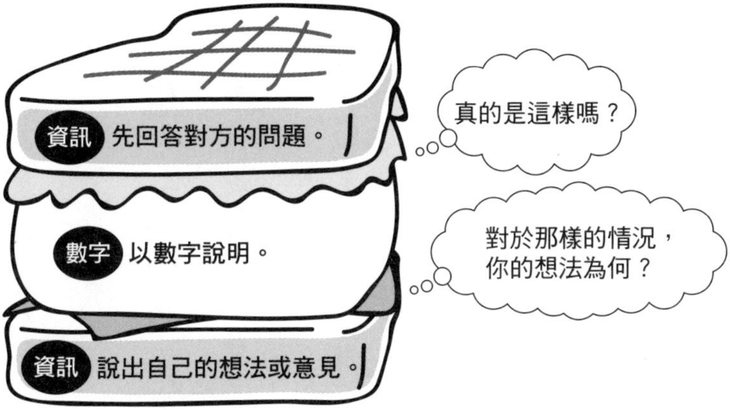

先回答對方的提問，再以數字這種極為具體的語言說明，最後再提出自己的想法或意見。在職場上，採取對於主管而言有用的傳達方式是很重要的。還有，讓主管簡單易懂地瞭解你的狀況，這對於社會新鮮人而言，也是非常重要的工作之一。

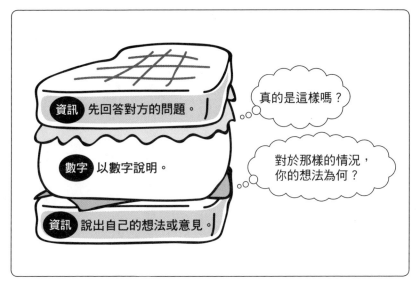

2 靈活區分「傳遞數字」與「以數字表達」的差別

▼「做……」與「以……做」的最大差異

你懂下面這句話的意義嗎？

「應該以數字表達的情況，就不能只是傳遞數字。」

這裡出現「傳遞數字」與「以數字表達」等兩種表達方式。

假設你是行銷負責人，現在要向主管報告促銷活動的相關事宜。請問身為一名商務人士，下列何者為「正確解答」？

傳遞數字的人

以下報告促銷活動的相關事宜。目前登入促銷網頁的人數有一百五十萬人，不重複的使用人數有一百萬人。申請索取贈品的數量為一千筆。相對於不重複的使用人數，申請比率大約是零點一%。由於我們設定申請贈品的目標是一萬筆，所以是目標的十%。對了，關於申請者的屬性，男性占六十四%，女性占三十六%。十歲到十九歲占二十一%，二十歲到二十九歲占二十五%，三十歲到三十九歲占二十%，四十歲到四十九歲占十三%，五十歲到五十九歲占十%，其他年齡層占十一%。接下來是地區別的比率。關東地區占整體的四十%，關西地區占整體的三十%，其他地區……。

以數字表達的人

以下報告促銷活動的相關事宜。從結論來說，很遺憾地這次的促銷活動可說是失敗。申請贈品的數量有一千筆，只達到目標的十%。從數據來看的話，顯然促銷網頁的設計有問題。接下來我將深入查證，日後再重新報告。

正確解答是後者的報告方式，也就是以數字表達的人。

前者確實使用了數字報告。不過，就如同字面上說的，「只是單純傳遞數字而已」。當然，在工作場合中，很多情況光是報告數字也OK。例如「昨天的業績做多少？」針對這樣的問題，只要報告數字即已足夠。但是，如果是上述情況，就會遭受「簡單來說，狀況如何？」「你想說什麼？」等對方一針見血的反駁。

另一方面，後者的報告內容簡單說就是「活動失敗」，同時再以數字傳遞「活動失敗」的訊息。也就是說，在工作中，有時需要「傳遞數字」，也有時需要「以數字表達」。一旦搞混，就無法提供對方需要的資訊。所謂「以數字表達」，簡單說就是利用數字這個語言傳遞訊息給對方。

有意識地認知對方的提問內容

在「報告．連繫．討論」的內容中放入數字，這個做法是對的。不過，如果只是直接唸出會議資料上記載的數字、電腦畫面上顯示的數字，或是報紙上看到的數字，這種程度的動作連小學生也辦得到吧。

目前的狀況應該是「傳遞數字」或「以數字表達」？先正確判斷之後，再使用數字溝通，這樣才有可能讓他人肯定你是「有工作能力的人」。

那麼，該怎麼做才能正確掌握狀況呢？請透過四個案例來掌握那樣的感覺吧（九十七頁圖）。當然，實際上還是得依現場狀況而定，不過這四個案例可作為一般原則來協助確認。

判斷標準在於「？」加在哪裡

假如難以判斷對方的提問屬於哪種問題，只要養成習慣，觀察對方問題的「？」加在哪裡就可以了。如果簡單判斷，「？」的所在位置應該就是對方想知道的真正問題點。

如果是〈案例一〉，就應該針對「還有多久做完？」回答；若是〈案例四〉，就應該針對「實際情況如何？」回答。

如果能夠判斷對方的問題，就能夠判斷應該「傳遞數字」或是「以數字表達」。請務必試著判斷看看。

雖然有點離題，不過我聊聊我在某大型企業舉辦管理職研習課程時發生的小故事。

該企業的問題是管理職員工的商業技能或熱情等明顯低落，因這個緣故，公司找我諮詢。實際上，那些擔任管理職的員工自從進入公司之後，幾乎沒有接受過教育訓練。

在研習課程中，我印象最深刻的一件事就是「無法回答問題」。面對問題，他們的回答總是牛頭不對馬嘴。在課程中，我最常說的一句話就是「請針對問題回答」。

本單元想說的重點就是如此而已。能夠判斷問題的能力直接影響工作成果或成長。進入公司第一年所學的技能，一直到第三十年也能夠使用。請各位務必趁早培養這個習慣。

●這種時候就要「傳遞數字」／這種時候就要「以數字表達」

案例1 傳遞數字

你現在的工作還要多久做完？

今天下午五點前我就能完成。

對方詢問的是工作結束的時間，也就是數字資訊。所以一定要回答數字。

案例2 以數字表達

上禮拜網站的點擊狀況，可以簡單報告一下嗎？

目前順利地依照目標前進。目標值是1,000萬PV，相對於目標值，實績已經達到1,050萬PV，特別是專輯報導的文章閱覽數比較高。

對方想要的資訊簡單說就是「好或壞」。所以要先回答這個問題，然後再附上數字資訊作為補充說明。請注意，傳達方式是以三明治模式進行。

案例3 傳遞數字

你進公司工作第幾年了？雖然年輕，但是很優秀。

我進公司第一年。謝謝您的誇獎！

對方的問題是「進公司第幾年？」的數字問題，所以只要直接回答數字即可，無須說太多不必要的說明。

案例4 以數字表達

我聽說公司產品出現不良品，實際情況如何？

是的，確實出現不良品。不良品的發生率是0.04%。目前以最優先處理的方案緊急查明原因。

在此對方最想知道的不是數字，而是是否發生不良品。所以要先說出事實，再利用數字重新說明詳細資訊。

3 以「平均數」與「比率」表達意見與依據

▼把「前例或歷史數字」當成武器

表達自己的意見時，有時候也必須提出依據。若想要找出依據，當然就會使用「歷史數字」。

舉例來說，想預估未來的營業額時，就會使用過去的實際營業額來預測。這就是典型的案例。

像這種時候，「平均數」與「比率」就可以作為你的武器。

有許多更高階的分析手法都可以當成你的工具。不過，無須感到慌張，先學會基本的技能即可。

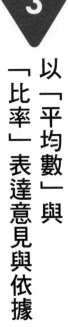

▼作為依據的基本數字有「平均數」與「比率」

假設現在必須對四月開始販售的新產品預測七月份的銷售數量，並且說出自

●預測七月份的銷售數量

〈某新產品過去三個月的銷售量〉

	4月	5月	6月	7月
銷售量（個）	543	498	461	?
與上月同期比（%）	－	91.7%	92.6%	

三個月的平均數

7月份的銷售量（預測）

（543＋498＋461）÷3≒501（個）

己的想法（上圖）。

你手上只有四月、五月以及六月等三個月的歷史數字。如果只靠這三筆資料預測七月的數字，最簡單的做法可能就是以三個數字的平均數作為預測值吧。

七月的銷售量（預測）＝（四～六月的平均銷售量）≒（約）501（個）

不過，其實看數字就知道，過去三個月的銷售量有明顯減少的趨勢。而且，如果與上個月比，比率都超過九十％。如果設定這樣的趨勢不變，就可算出六月實績（四百六十一個）

的九十％為四百一十五個的預測數字。

七月的銷售量（預測）＝461（六月的銷售量）×0.9≒415（個）

如同這個案例，剛上市不久的商品難以掌握未來的變動情況，這時只要以這兩個數字的平均數當成預測值說明即可。

七月的銷售量（預測）＝（501＋415）÷2＝458（個）

這裡使用的方法只有「平均數」與「比率」兩種數字而已。

▼在這裡同樣以三明治模式傳遞資訊

這個數字也同樣利用前面介紹的「三明治模式」傳遞訊息。

例如可以用下面的方式說明。根據數字資料，「以數字說明」。

資訊
預估七月的銷售量與上個月一樣，或是稍微減少一些。

←

數字
如果悲觀一點，大約有四百個，樂觀一點的話可賣到五百個。
具體的估計值是四百五十八個。這個數字是從過去三個月的平均數，以及與上月同期比的比率等兩個數值求得的平均數。

←

資訊
不過，因為過去的資料不多，所以要有誤差可能較大的心理準備。

這個案例是只有三個月的數據資料的情況。假如有過去一整年的數據，思考方式也會稍有改變。

例如，假如這一年當中，與上月同期比一直都是以九十%的程度變化的話，那就是一個極為強烈的趨勢。與其特意花功夫計算平均數，建議要優先重視該趨勢，以此作為預測的依據。

舉一個極端的狀況，假如三年之間每個月一直都是以九十％的比率下降，那麼簡單以該數字作為預測依據，應該也是可以理解的。

對「數字」有各種加工方法，根據不同情況找出判斷依據確實也不容易。找出判斷標準的基本原則，就是先思考「最能夠被接受的依據」再來處理數字。

4 報告進度所需的數字

把工作轉換成數字

工作中經常有機會被要求報告進度。如果是新人，主管或前輩基於關心，會經常詢問目前的工作進度吧。像這種時候，報告時就要設法讓對方能夠瞭解正確情況。

因此，本單元將介紹一個能夠利用數字說明工作進度的方法。這個方法適合容易以數字呈現進度的業務或行銷工作，但就算你的工作沒有具體的數值目標，也能夠應用這個方法。

為什麼業務員容易以數字呈現自己的工作進度呢？那是因為這類工作能夠以「這個月的接單目標」等數值轉換。例如「目標三十張訂單，已經接了三張訂單，進度為十％」。

換句話說，就算是大略的數值也沒關係，任何工作只要能夠轉換成數值，該工作的進度就一定能夠以數值呈現。

▼把「製作資料」的工作換算成數值

舉例來說，假設有件工作是「製作下週會議使用的資料」。在著手進行這項工作之前，請先預估有哪些作業、各項作業各需多少時間，總計需要多少時間等（次頁圖）。

像這種情況，無須計算精確的時間，只要大概的數字就可以了。這麼一來，隨時都能夠以數字報告工作進度。

另外，當蒐集資料的作業結束，報告「工作進度四十％」就好；工作只剩下調整版面與印出，則告知「工作進度九十％」就可以了。假如著手進行工作前先「換算工作時間」的話，就算主管隨時問「進度到哪了？」你也能夠以數字清楚回覆。

回答的範例就如「工作已經完成九成。其他部分再花三十分鐘就可以結束。最晚明天上午九點就能夠交給您確認。」

●把「製作資料」的工作換算成時間

作業1	蒐集資料	2.0小時
作業2	資料的編排	2.0小時
作業3	加上自己的考察並記錄	0.5小時
作業4	調整版面與印出	0.5小時
	總計	5.0小時

製作資料時間 → 5小時

總之，如果工作量以某種形式換算成數值，工作進度也能夠自動以數字表示。把工作換算成數值的最簡單方式就是把工作量換算成時間，這是任何人都做得到的方法。

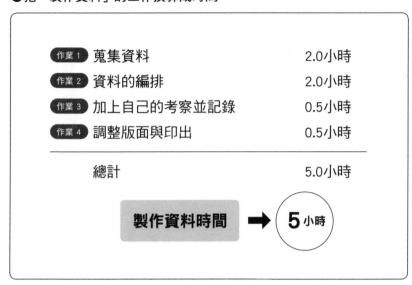

▼把工作換算成時間的好處

其實，這個做法除了以數字呈現工作進度之外，還有另一個好處，那就是對自己的工作抱持「斷捨離」的態度。

請試著把目前手上的所有工作都換算成時間，就算是約略的數字也沒關係。每個人的一天都只有二十四小時。如果計算了工作所需時間，或許就會發現理論上再怎麼設法應付，工作都會忙不過來。

從現實面來看，如果是剛進公司第一年，「捨棄工作」或許還不容易辦到，不過未來你將會不斷被交辦工作、將會愈來愈忙，到那時「斷捨離」就是一個必須具備的觀念。

我們總是喜歡聽到「努力」、「設法完成使命」等正面的說法。但是，辦不到的事情就是辦不到。其實我們應該轉移「努力」的方向，在選擇工作或是縮短時間方面下功夫才對。

各位都是處於追求生產效率時代的商務人士。所謂生產效率就是在短時間之內有效地獲得成果。十年前講求的「努力」與未來要求的「努力」並不相同。時間是有限的，請各位把目標放在「有效率地努力」上吧。

5 區分使用「精確數字」與「約略數字」

「精確到個位數」是否有其必要？

使用數字「報告・連繫・討論」時，還有許多應注意事項。例如，如何正確判斷報告時應該精確到個位數？還是大概的數字即可？

請試著唸出以下的金額。

52,438,921（日圓）

以口頭唸出來的話，就是「五千二百四十三萬八千九百二十一日圓」。我想應該不是只有我一個人只聽到最開始的「五千二百四十三萬」，後面的金額就不記得了吧。

▼如何區分運用？

必須正確傳遞數字時，當然務必說出精確數字。例如，企業的決算發表等最簡單易懂的報告場合，以口頭說明時就必須說出精確數字。

不過，也有只要說出約略數字即可的場合。例如，對於正準備去開會沒有時間的主管，以三十秒左右的時間簡單報告時就屬這類場合。數字大概是多少？到底是好還是不好？如果只需瞭解大致狀況，則說出五千二百萬日圓的金額即可。

請透過次頁的三個案例掌握當下的感覺。

▼從「對方想要什麼？」的角度判斷

在此，我想教導各位如何區分使用精確數字與約略數字。重點在於要思考對方想知道什麼，而不是你自己想說什麼。

例如在〈案例一〉，對方真正想要的並不是數字本身，而是「確實調查」後得到的證據。所以數字必須是正確的。

在〈案例二〉，對方已經說「大概」了，而且目前還在洽談階段，所以提出

●「精確」與「約略」的區分使用案例

案例1

公司產品出現不良品。
製作向客戶致歉與報告原因所使用的資料。

➡ **必須使用「精確數字」。**

由於是要向客戶致歉，如果使用「約略」數字就很難交代了。必須告知客戶確實調查過的結果以及正確的資訊才行。

案例2

洽談中，對方問「大概是多少錢呢？」

➡ **「約略數字」即已足夠。**

如果是複雜收費機制的產品，經常會聽到這樣的詢問。只是，對方並不是想知道精確到個位數的正確金額，所以在現場應該回答「估計大約是○○日圓左右」，而不能回答「我現在可能無法算出正確金額，等我回公司精算過再回覆您」。

案例3

報告營業額從2.98億日圓增加到3.05億日圓的事實時。

➡ **如果要報告增加的金額，要選擇「精確數字」。**

➡ **如果要報告營業額超過3億日圓的事實，「約略數字」就夠了。**

一個約略數字也沒關係。相反地，如果在那之後，對方最後要向公司高層提出申請同意書時，就必須提供精確的數字了。也就是你必須具備「這時對方需要何種資訊」的觀點。

〈案例三〉介紹的兩種模式也是相同理由。判斷標準還是在於「對方需要何種資訊」。

任何人對於能夠提供所需資訊的人，都會抱持好感。而你是否具備這樣的判斷能力，將大大影響別人對你的評價。請務必清楚認知這點，再來使用數字傳遞訊息。

6 選擇可傳達的數字與無法傳達的數字

不要連枝微末節都報告

提供對方所需資訊，前一單元的這個結論或許說得有些籠統，但其實我真正想要表達的是，只提供對方所需資訊。也就是說，除了以精確或約略的角度判斷之外，也請各位要具備「不說沒必要的數字」的觀點。

舉例來說，當主管想比較今年的營業額與去年的營業額，如果也拿前年的數字來比較，那就不對了。若要比喻的話，就如同對東京居民詳細說明當天北海道或沖繩的降雨機率，而對方根本不需要那些資訊。

對方不需要的「數字」就成為雜音

請回想九十三及九十四頁介紹的行銷負責人的案例。在此案例中我們確認了「傳遞數字」以及「以數字表達」的差異。不過，如果以「只傳達對方想知道的資訊」之角度來區分這兩者，又會是什麼樣的情況呢？

假如對方想知道性別或年齡等屬性資訊，當然就要提出相關數字。不過，如果對方想知道活動結果而不是屬性資訊，那麼只回答「索取贈品的筆數有一千筆，只達到目標的十％」即已足夠。由於對方並沒有問性別或年齡別的比率等資訊，就算你提供詳細資料，對於對方而言，也只是難聽的雜音而已，這樣反而難以集中精神去理解真正想知道的事情。

當你必須向主管報告什麼事時，主管馬上（例如三分鐘後）就要外出以及主管有充分的十分鐘仔細聆聽，報告內容應該也要有所調整。如果是前者，就要極盡所能地刪除雜音，簡潔地只說結論；若是後者，就要說出結論與其依據，此外就只選擇主管想掌握的資訊，仔細說明。

如果說這就是「配合ＴＰＯ」，我也無法反駁。不過，像這樣掌握現場狀況，取捨應傳達的數字是很重要的，我稱這樣的動作為「去除數字雜音」。

▼少就是精簡，多就是複雜

為什麼去除數字雜音那麼重要呢？

因為大部分商務人士對於「減少資訊的傳遞」都會產生抗拒的心理。從我的經驗來看也是如此。

這種心態的深層，就是對於刪減資訊或是簡潔說明感到恐懼。

以正確的數字仔細（或說冗長）傳達許多資訊，這麼做可使傳達者感到安心，既可表示自己不是天花亂墜，也不會使自己暴露於主管深入追問「還有沒有其他資訊？」「你已經確認過各種資訊了嗎？」等風險。

不過，這樣的做法只會對聽者造成壓力。因為聽者明明只想知道需要的資訊，卻接收了太多不想知道的事情。

還有，一般來說商務人士都希望以數字簡潔說明，聽到太多數字的說明內容會感到厭煩。

例如，看到輸入滿滿數字的Excel表格或是報紙的股價欄時，內心免不了會產生一陣惶恐吧。對數字不敏銳的人，特別會感到強大壓力。雖然這是我的想像畫面，不過道理都是一樣的。

最重要的是鼓起勇氣選擇要傳達的數字與不傳達的數字。數字這種語言的特色在於，少就是精簡，多就是繁雜，並不是單純「只要使用就好」。請以此觀念為大前提，在「報告．連繫．討論」中聰明地使用數字。

7 讓對方能夠瞬間瞭解狀況的傳達方式

主管的上面還有主管

請想像你的直屬主管部長與社長的情況。

假設社長想知道第一線的工作狀況，會先要求部長報告吧。但是部長並沒有時時掌握部下的詳細工作狀況，所以就會詢問最瞭解現場狀況的部下，也就是你。

假如部下的報告內容非常模糊：「是的，一切都非常順利！」則部長就無法對他的主管，也就是社長報告確實情況。

社長工作繁忙，總是希望對方的報告能夠幫助他在最短的時間內瞭解整體狀況。若是這樣的情況，部下就需要具體且重點式地提供資訊。

如果提供那樣的資訊給主管，主管就能夠原封不動地直接把接收到的訊息提供給社長。

若想做到這點，請掌握以下兩個重點使用數字。

①使用對方習慣的標準。
②意識著傳達訊息時的「一&二原則」。

▼使用對方習慣的標準

首先是①，換言之就是使用對方一聽就懂的數字。例如「不良率是零點零四%」，或是說明「一萬個產品中會出現四個不良品」，選擇哪種說法要依對方的習慣而定。「一年營業額是七點三億日圓」，這對經營者而言一聽就懂，但是如果面對第一線員工，就可能要說「一天的營業額是二百萬日圓」。報告使用的資訊就是「簡報內容」，所以當然要選擇對方習慣的標準。

還有，事先掌握對方習慣的標準，訣竅只有一個，那就是平常就要注意對方的說話內容。

例如隨時都會說「與去年同期比」、「與上月同期比」的人，任何事都會希望對方可以用跟去年（上個月）「比較」的標準來說明。

嘴巴說出口的話可直接顯示出那個人的價值觀。請務必從平常的相處中，留意主管或居上位的經營者的說話習慣。如此一來，就可以瞭解應該以什麼樣的標準傳遞訊息。

▼傳達時的「一&二原則」

其次是②的「一&二原則」。傳遞資訊時，建議「一句話中放兩個數字」，我稱之為「一&二原則」。

舉例來說，如果只講「營業額五百萬日圓」，不知道這個數字是好是壞。不過，如果說「營業額五百萬日圓，占預算八十%」，這個數字就屬於值得讚賞的數字。一般來說，職場上只靠一個數字難以掌握情況，包含兩個數字的資訊較能夠正確掌握真實狀況。

●以「1&2原則」傳達

✕ 現在的營業額是850萬日圓。

○ 這個月的預算是1,000萬日圓，目前達成的進度有85%。

✕ 還需280個新會員。

○ 剩下五天的時間，還需要280個新會員。

✕ 資料處理的進度率是75%。

○ 到目前為止已經處理完1,500筆資料，還剩下500筆。

你所提供的數字會直接傳送給主管的主管，有時候甚至會直接傳給公司高層。也就是說，就算是間接傳送，你也有機會將數字傳達給公司高層。

數字是職場上的共通語言。數字之所以被視為重要，理由就在於此。

8 文件要使用「逗號」與「單位」

▼你是否會使用「逗號」？

在第三章的最後單元，我將整理書面報告時應注意的重點。有的重點雖然在「口頭」上沒有必要，不過在「書面」報告時，還是得注意一下才行，那就是正確使用「逗號」與「單位」。

為了謹慎起見，先簡單說明一下。逗號是百位與千位之間、十萬與百萬位之間、一億與十億之間所加入的標點符號。請試著在手邊的計算機按下幾個數字，螢幕上應該就會根據上述規則標示逗號才對。

不僅限於工作中，這個基本規則本來就應該遵守。製作商業文書時要多用心，確實使用逗號，則數字的正確性、是幾位數的數字等，讀者一看就懂。

▼應該寫「1,000萬PV」，而非「10,000,000PV」

另外，也請注意「單位」的使用。例如我撰寫本章時，有好幾處需要注意單位的使用。

例如「6,000,000日圓」的標記雖然沒有錯，但是就如八十九頁那樣，簡化成600萬日圓的話，視覺上比較容易辨識，也可確實傳遞訊息。九十七頁的〈案例二〉中，寫「1,000萬PV」，而非「10,000,000PV」也是同樣的理由。

舉例來說，以口頭說出次頁表中的金額時，只要說「五千萬日圓」就可以。但是如果以書面表示時就要用心，讓讀者看一眼就懂。

要如何區分使用，這得依公司文化或傳達對象而適時改變。請務必檢視一下自己公司使用的資料之慣用「單位」。還有，假如有必要，也請務必「換算單位」，製作一份看一眼就懂、容易傳遞訊息的書面資料。

▼傳達對象使用的「單位」為何？

雖然這裡談的內容偏離書面使用「逗號」與「單位」的主題，不過在職場上

●逗號的位置與單位的轉換

千 ➡ 1,000
百萬 ➡ 1,000,000
十億 ➡ 1,000,000,000

金額	表示	單位
五千萬日圓	50,000,000（日圓）	1日圓
	5,000（萬日圓）	1萬日圓
	50（百萬日圓）	100萬日圓
	5（千萬日圓）	1,000萬日圓
	0.5（億日圓）	1億日圓

的各種場合中，對於「單位」的使用都要非常用心。

舉例來說，健康食品的訴求內容經常看到（聽到）「有○個萵苣的食物纖維」，這樣的表現方式非常普遍，因為消費者對於食物纖維的認知單位是「萵苣的個數」，而不是「公克」。

傳達對象習慣使用的單位到底是什麼？依據這個觀點傳達，不僅能提高使用數字的技巧，同時也會提高溝通技巧，真可說是一舉兩得。

專欄 3 不使用「一點」

為了報告・連繫・討論而找主管談話時，不要說「抱歉，可否耽誤一點時間？」我建議的說法是「可以給我三分鐘的時間嗎？」

當然，就算不是三分鐘，二分鐘或五分鐘也無所謂。重點是要以數字告知對方你可能會花費的時間。

當你對主管說：「抱歉，可否耽誤一點時間？」主管可能會回你：「抱歉，晚點再說。」但是一旦改為「可以給我三分鐘的時間嗎？」有時候對方就會勉強答應：「什麼事？簡短說明。」

就算是日常生活也一樣，如果對方說「我會晚一點到」，這會讓人坐立難安。但是如果清楚表明「我會晚三分鐘到」，這樣就能夠讓人耐住性子等待了。

第 4 章

靈活運用資料，輕鬆讀取數字的七項基本規則

任何人都能夠讀懂資料

被分發到行銷部門的新人，文科出身，對數字非常不在行，每天都過著艱苦奮戰的日子。有一天，主管這樣提醒他。

主管：「你能說明一下這個資料的內容嗎？」
新人：「好的。這是上個月每天會員註冊的數量。」
主管：「嗯。所以呢？」
新人：「……請問是什麼意思？」
主管：「從這份資料可以看出什麼？」
新人：「啊，嗯……」
主管：「算了。我這樣問好了，從這份資料可以看出什麼趨勢嗎？還是有異常值之類的數字？」
新人：「……」

主管：「還有，資料中雖然有一天的平均註冊人數，但是這個數字要怎麼解釋比較好呢？」

新人：「……」

主管：「你要用自己的方式解讀資料後，再來向我報告才行。」

聽了主管嚴厲而正確的指責，新人啞口無言。

主管：「其實，我也是文科出身的，一開始也非常討厭解讀這類資料的工作。」

新人：「是嗎？」

主管：「以前光是看到Excel表裡面滿滿的數字，我就全身不舒服（苦笑）。」

新人：「這樣啊……」

主管：「其實只要掌握訣竅，任何人都做得來喔。」

新人：「嗯，請務必教我解讀數字的訣竅！」

1 先找出「傾向」與「異常」

▼我們的生活都被數據包圍

我們的生活半徑一公尺的範圍內，存在著許多數據資料，例如智慧型手機、電腦，或是桌上堆積的資料等，其中應該都存在著龐大的數據資料。

也就是說，我們是在被數據圍繞的情況下工作。

更進一步來說，未來IT的發展也會加速進行吧。我們將處於一個「沒有數據資料就無法做事」的狀態。因此，正確解讀數據，也就是解讀數字的技能就顯得非常重要了。

換言之，未來將屬於能夠解讀數字者的時代。

本章將以「解讀數字」為主題，介紹不擅長數字的人也一定能夠運用的訣竅。為了不成為被社會淘汰的商務人士，請確實培養基本技能。

▼要「Think」而非「Read」

所謂「解讀數字」，若要簡單定義，就是挖掘資訊的行為，也就是「從這個數字可以聯想到……」。光是眼睛盯著會議資料中密密麻麻的數字，稱不上是「解讀數字」。

所謂「解讀數字」指「Think」（思考），而非「Read」（閱讀）。

另外，解讀數字的基本動作是透過比較，找出「傾向」與「異常」。數字這種語言的最大特色就是有大小之別，所以要透過比較數字，掌握「傾向」與「異常」，找出「從這個數字可以聯想到……」等資訊。

順帶一提，這裡所謂的「異常」就是指「異常數值」。例如「咦？為什麼只有這個數字這麼大（小）？」

▼找出「傾向」與「異常」

以下用具體案例來說明。

請看一二九頁的表格。假設這是分發到總務部的新人為了檢視某員工的加班時數所使用的數據資料。

如果是你，能夠從這個長達四週的數據中讀出什麼訊息嗎？

①週一與週二的加班時間多（因為是一週的開始嗎？）
②週三的加班時間少（可能是不加班日制度的關係？）
③只有第三週的週四加班時間異常多（是不是有什麼突發狀況？）

從數據中能解讀到的，大概就是這樣的訊息吧。

這三者的共通點是一定會比較某些數字後，再導出結論。

①與②是傾向，③是異常。還有，這三點的（　）內就是「從這個數字可以推斷……」的訊息。

看數字↓掌握大小↓探索「傾向」與「異常」↓轉換成資訊

●從這份資料可以看出什麼端倪？

〈某員工的加班時數〉

	一	二	三	四	五
第一週	2.5	3.2	1.0	1.4	2.2
第二週	2.6	2.8	0.5	1.5	1.8
第三週	3.0	2.5	0.0	4.8	1.8
第四週	2.6	2.0	0.4	2.0	1.5

〈單位：小時〉

不要只是無意識地用眼睛看數字，請確實意識這幾個步驟，解讀會議資料或Excel表中的數字。

這才是「解讀數字」的基本概念。

2 不要就原始資料直接閱讀

▼沒有人會想看數據多的資料

看著填滿數據的表格讓人倍感壓力。

例如，前一單元所舉的加班時間案例，應該也需要縱橫移動視線觀看數字、比較數字吧。看著表格，你的內心會產生什麼感覺？是否會覺得煩躁不安？

在工作場合中，必須面對比這個表格塞滿更多數據的資料，實在很難讓人對於「解讀數字」產生正面心態。

不過，針對那樣的心態，還是有讀取數字的簡單方法，讓任何人都能夠瞬間解讀數字。

▼花功夫把數據轉換成圖表

在這裡要不厭其煩地再次強調，「解讀數字」的訣竅是找出「傾向」與「異常」。也就是說，如果找到「傾向」與「異常」，表示「解讀數字」的作業已經完成九成。

因此，把數據轉換成容易找到「傾向」與「異常」的狀態，再來解讀就可以。若想把數據轉換成容易發現「傾向」與「異常」的狀態，只有一個方法。

那就是把數據轉變成圖表。

× 就原始資料閱讀。

○ 先把數據轉變成圖表。

將前一單元提到的加班時間的數據資料轉變成圖表後，就容易看出「傾向」與「異常」。光是這麼做，數據的狀況就可一目瞭然（一三二頁圖）。

我在民間企業工作時，如果屬下製作寫滿數據的資料，我一定會要求他們把數據「做成圖表」。身為主管的我必須正確讀取屬下呈給我的數字，若想做到這點，就得利用圖表掌握，而不是一個數字一個數字地核對解讀。

●把數據轉換成圖表後再解讀

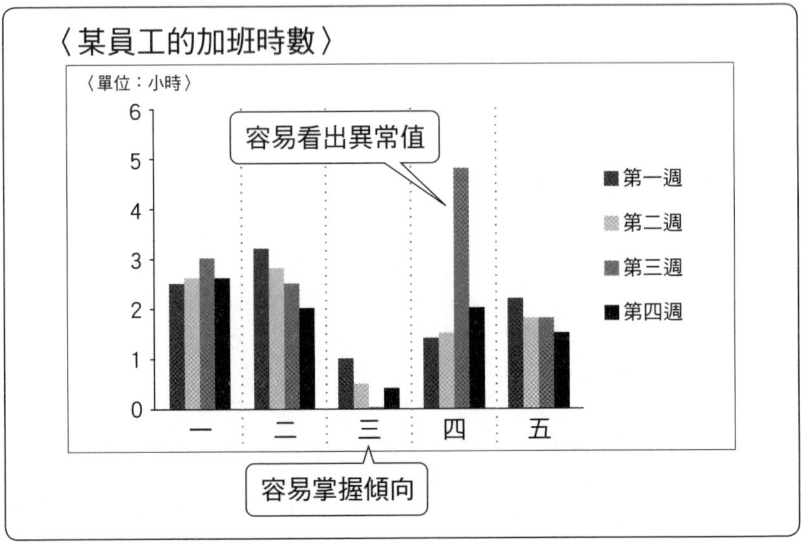
〈某員工的加班時數〉
〈單位：小時〉
6
5
4
3
2
1
0
一
二
三
四
五
第一週
第二週
第三週
第四週
容易看出異常值
容易掌握傾向

▼擅長分析者的工作術

另外，在指導企業研習課程時我也發現，平常在工作中被視為擅長解讀數字的人，就算無須指示，也有很高比率的人會「先製成圖表再解讀」。

而愈是對數字不敏銳的人，就愈是會放任數字排列得密密麻麻，然後以痛苦的表情努力觀看數字。看到他們的模樣，我總覺得非常遺憾。

▼「把數據轉換成圖表」是專家也在使用的技巧

各位一定要做到的，就是先把大

量的數據資料整理成一目瞭然的狀態，然後再來解讀。

某位數據分析專家也曾經說過「分析時先使用眼睛」。總之，這是專家也會使用的基本技能。

初學者如果能夠學會專家使用的基本技能，其實就已經足夠了。

我再強調一次，把數據轉換成圖表，是任何人在短時間之內都能夠簡單辦到的。請從明天起就開始身體力行吧！

3 透過「平均數、中位數、眾數」顯示資料的特性

▼平均數不等於正中央

使用平均數這個數字雖然方便，不過從另一方面來說，這個數字也可能會導致解讀錯誤，是個具有危險性的數字。舉例來說，「平均數」是不是會讓人直覺以為是「差不多位於中間的值」，或是「數量最多的值」？其實，事實不見得如此。

實際上，「位於中間的值」稱為中位數，而「數量最多的值」稱為眾數。

平均數：平均所有大小數值所得到的數字。
中位數：依照大小排列，剛好位於最中央的數字。
眾數：該數據資料中，出現次數最多的數字。

●三場研討會的滿意度調查結果（表格）

	1分	2分	3分	4分	5分
研討會A	6	8	22	10	4
研討會B	15	10	4	8	13
研討會C	1	3	4	13	29

（單位：人）

研討會人數　各50人

▼看出個性的三個數字

舉例來說，上圖資料是舉辦三場研討會結束後，進行問卷調查所得到的結果。請五十位學員以五級評分的方式給分。

根據這張表，把每場研討會的調查結果製成圖表，就會得到一三七頁的圖表。

從表格看不出各場研討會的評量結果，但是看了圖表後，就會變得一目瞭然。

如果更進一步具體找出平均數、中位數以及眾數的話，就可更清楚看出每份資料的特性。

舉例來說，先試著掌握研討會A的特色。

〈研討會A〉
平均數：（1×6＋2×8＋3×22＋4×10＋5×4）÷50＝2.96（分）
中位數：依大小順序排列50人給的分數，第25與第26個數字的平均數＝3（分）
眾數：最多人給的分數＝3（分）

※假如人數是奇數，依大小順序排列的最中間位置就定義為中位數（例如，假如有51人，則第26個數字就是中位數）。

▼以這個必殺技讓人覺得你具有實力

研討會B與C也以同樣方式找出平均數、中位數與眾數，就算沒有看圖表，光是解讀這三個數字，也可大致掌握資料的個性。

●三場研討會的滿意度調查結果（圖表）

研討會A

（單位：人）

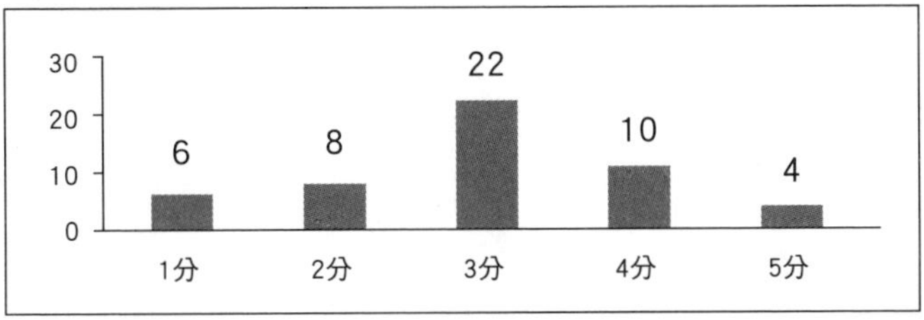

平均數2.96分　中位數3分　眾數3分

研討會B

（單位：人）

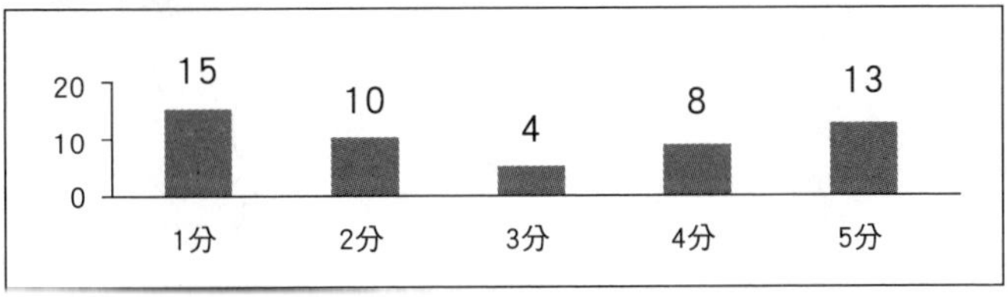

平均數2.88分　中位數2.5分　眾數1分

研討會C

（單位：人）

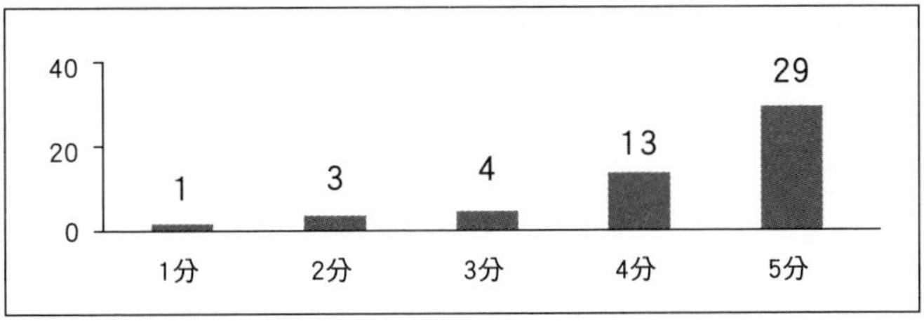

平均數4.32分　中位數5分　眾數5分

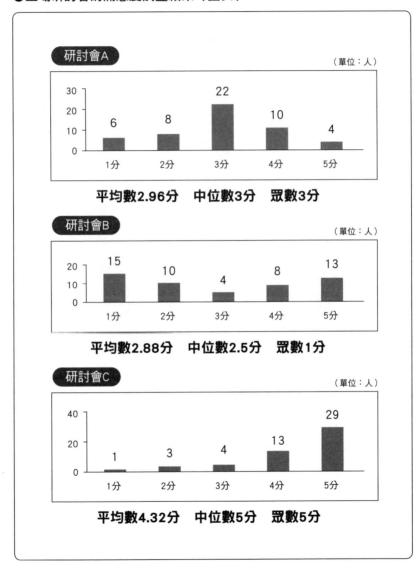

A：平均數2.96（分） 中位數3（分） 眾數3（分）
↓從三個數字可推測大部分的人都覺得「普通」。

B：平均數2.88（分） 中位數2.5（分） 眾數1（分）
↓從三個數字可推測給1分與5分的人最多，評價呈現兩極化。

C：平均數4.32（分） 中位數5（分） 眾數5（分）
↓從三個數字可推測相當多人給予5分的好評。

在實際工作中，絕對不要只以平均數解讀數字。如果有人只以平均數評論好與壞，請務必要求對方「可以告訴我中位數與眾數嗎？或者可以用圖表表示嗎？」光是這樣的一句話，旁人就會覺得你是真的懂。

另外，Excel軟體內建的函數功能可以直接算出平均數、中位數與眾數。工作中若有實際需要，請參考〈附錄〉二〜三頁。

4 以「平均數±標準差」的數值呈現資料的分布樣貌

相對於平均數，顯示數據離散程度的數值

前一單元利用中位數與眾數等數字，掌握了數據資料的個性。本單元將說明對於商務人士而言更強大的武器，也就是所謂「標準差」（Standard Deviation）這個數字。

若想更深入解讀平均數這個數字，標準差是非常有幫助的。例如預測顧客來店數，但不知道應該設定什麼程度的範圍時，使用標準差就能夠做出具有說服力的說明。

所謂某項資料的標準差指透過數學理論，將相對於平均數的數據資料之分布狀態換算成數值。舉例來說，股價變動大的股票風險高，股價變動小的股票風險低。這種以高、低等數字表現的就是標準差的概念。

舉一個身邊常見的例子。一四一頁圖顯示的是消費者透過購物網站購買某商

品後給予的五級評分。總共有十四人給分，平均分數是三點二分。不過，仔細檢視，會發現給三分的人並不多，給一分或五分的人反而比較多。看了這樣的評分內容，消費者難以判斷是否能買到適合自己的商品，可以說購買此商品要承擔相當高的風險。

▼對他人說明時，光有圖表是不行的

一旦能夠像這樣，以具體數值顯示從平均數離散出去的程度大小，就算是多筆數據資料相互比較，也能夠評量哪一筆資料的離散程度大，並且能夠簡單說明。當然，就算只有圖表也是能夠呈現這樣的狀態，不過如果是只看圖表難以說明細微差異的案例，就更需要標準差這個數字發揮威力給予協助。

如前面提過的，建議解讀數據資料時，要先把數據轉成圖表。只是這僅限於自己想大致掌握數據資料的傾向或異常時使用。

必須向別人深入說明更詳細的資訊時，如果只是說「看圖表大致就瞭解了吧？」那就太草率了。

●某商品的評分

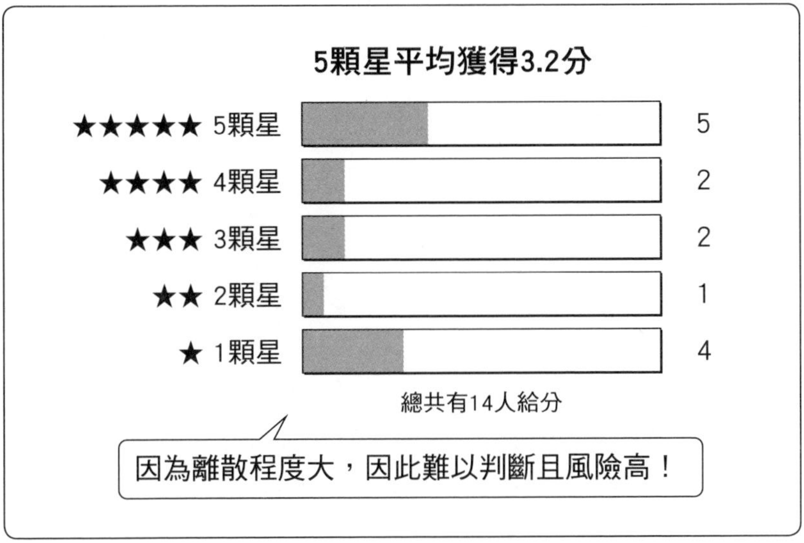

▼利用Excel軟體求標準差

這裡省略數學理論，先說明如何算出標準差，以及標準差這個數字的意義。下面會以商務人士使用為主，進行詳細解說。

想計算某數據資料的標準差時，可使用Excel軟體內建的函數，只需花五秒鐘的時間，任何人都能夠簡單算出。

標準差＝STDEVP（選擇資料範圍）

〈附錄〉也針對此函數進行解

●標準差的算法

	A	B	C	D	E	F	G	H	I	J	K	L	M	N	O	P	Q	R	S	T	U	V	W	X
1	●研討會A的問券調查結果																							
2																	1	1	1	1	1	1	1分×6人	
3															2	2	2	2	2	2	2	2	2分×8人	
4	3	3	3	3	3	3	3	3	3	3	3	3	3	3	3	3	3	3	3	3	3	3	3分×22人	
5													4	4	4	4	4	4	4	4	4	4	4分×10人	
6																			5	5	5	5	5分×4人	
7																								
8																			平均數				2.96	
9																			中位數				3	
10																			眾數				3	
11																			標準差				1.08	
12																								

研討會A：平均數2.96（分） 標準差1.08（分）
研討會B：平均數2.88（分） 標準差1.61（分）
研討會C：平均數4.32（分） 標準差0.99（分）

說，請一併確認內容。

例如，如果是前單元的研討會A的數據（一三七頁圖），就可以透過上圖的作業，計算出標準差為一點零八（小數點第三位四捨五入）。

利用相同作業，也能夠算出其他兩場研討會的平均數與標準差等數值。

▼「平均數±標準差」看得出資料的分布狀態

平均數與標準差等數字，各代表什麼意義呢？或許這麼說會遭其他數學專家糾正，不過若以最直覺且模糊的方式說明，姑且可以說大部分的資料都會落在「平均數±標準差」的範圍之內。

如果是前面的三場研討會的數據資料，可以想像大部分的數字會分布在次頁圖中所顯示的範圍之內。次頁圖與一三七頁的三個圖表所傳達的資訊應該幾乎一致才對。

還有，關於研討會C要補充說明的是，其實根本不存在五點三一分這樣的分數，這始終只是個理論值。我一再強調，這個目的是為了掌握「大部分資料大概會落在這個範圍內」的感覺。

建立了標準差這個數字概念後，下一個單元將說明如何在工作中運用標準差。

●三場研討會的數據分布狀態

平均數±標準差
||
「數據大概都分布在這個範圍之中」

研討會A 資料大致分布於1.88～4.04之間
（2.96－1.08～2.96＋1.08）

研討會B 資料大致分布於1.27～4.49之間
（2.88－1.61～2.88＋1.61）

研討會C 資料大致分布於3.33～5.31之間
（4.32－0.99～4.32＋0.99）

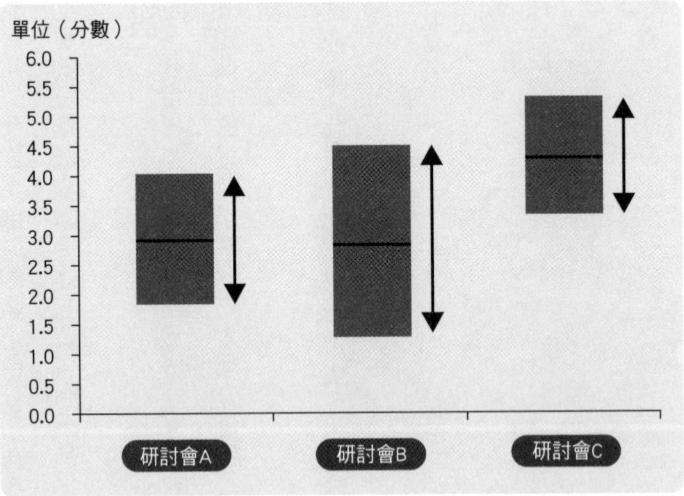

5 把標準差當成目標值以提高品質

利用「平均數」與「標準差」設定目標值

請想想股票的情況。假如獲利規模相距不遠的話，風險低的股票會比風險高的股票好。也就是說，風險低的股票會讓人覺得「股票體質好」。同樣地，在商場上，大部分的情況都認為相較於離散程度大的資料，離散程度小的資料「體質較好」。

在工作上要如何使用標準差呢？最基本的就是用來設定目標以提高工作品質。我們再次想想前面的研討會案例。

假設研討會A將再舉辦一次。如果你是該企劃負責人，要如何向主管說明這次研討會將做得比上次成功？

像這種時候，要先以某種具體數字定義何謂「成功的研討會」，再把該數字當成目標值。在此假設把平均數高而且標準差也小的研討會C設定為「成功的研討會」。

這麼一來，下次的研討會A的平均數就必須提高約一點三分才行。另一方面，標準差的這個數值大約維持不變即可。總之，雖然離散程度可以維持不變，不過提高參加者整體的滿意度就成為這次企劃的主要課題。

以策略來說，招收學員的屬性可以跟上次相同，不過研討會的內容應該大幅度地重新檢視。也就是說，研討會的內容必須改善到讓同性質的學員平均多給一點三分的評分。

同樣地，如果再度舉辦研討會B的話，滿意度的平均數就必須提高約一點四分，更進一步的具體目標數值就是標準差要減少約零點六分。

研討會B的評分結果離散程度大，可以推測研討會的內容極可能不符合部分學員的期待；另一方面，許多學員感覺滿意也是事實。

因此，研討會的內容可以維持不變，但是要找出調整學員屬性的對策。例如重新檢視研討會的介紹內容，使參加者的屬性、參加目的與研討會的上課內容一致。

●被評分為「成功的研討會」的目標值

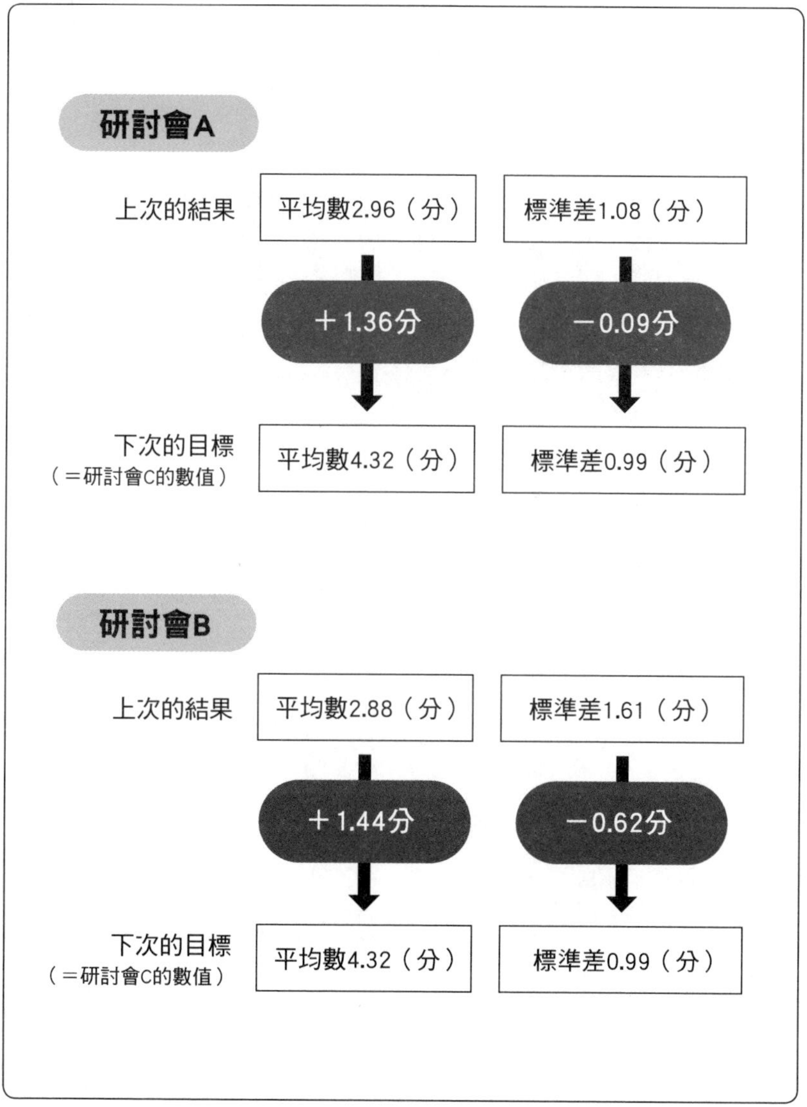

▼「離散程度小＝好」的案例

不只是「研討會滿意度」的案例，在職場上，通常視離散程度小比離散程度大的「品質好」。

重新檢視時的判斷標準

假如調查新產品的訂價是否適當，結果發現離散程度大的話，表示該產品的價格設定是一件風險極高的艱難工作。必須試著重新釐清產品定位，或是另外鎖定調查對象重新調查才行。

像這種時候，最好具體設定一個標準，例如「如果低於這個標準差（也就是如果風險是這樣的話），那就可以用這個平均數設定價格」。這時，就如前面以數字定義「成功的研討會」一樣，可以具體設定離散程度要到多小的數字，以此數字作為目標。

品質管理的目標設定

在製造業中，如果每天發生不良率的離散程度大，風險也將隨之提高。例如昨天只有十個不良品，但今天卻出現一百個，這種情況就會為事業帶來不穩定的影響因素。

不良品發生的平均數量，目標應該設定多少才好？以標準差來說，就是離散程度要控制在多少以下才好。把「維持生產線的品質」這樣的工作轉換為具體的目標數值，如此就可清楚界定可維持・無法維持品質的界線。

投資時的選擇條件

如果不談工作，像是私人投資方面，標準差也可以是一個參考指標。例如，請瀏覽一下投資相關的資訊網站。網站會刊登每檔基金的獲利高低，也會登出標準差的數值，有的網站會以「稍小」、「稍大」等簡單易懂的表現方式說明。當然，標準差小的基金也被視為操作較穩定的基金。

「標準差」不只可以運用在工作上，在人生各方面也都是一個必要的數字。

透過這些案例可以明白，在「離散程度小＝風險低＝好」的案例中，不要只設定平均數為目標值，也要把標準差設定為目標值。透過這個數字，可方便證明品質好、已改善等，請務必多加運用。

6 利用「標準差÷平均數」做相對評量

「標準差÷平均數」得到的一個數字

接下來將說明更高階的標準差使用法。這個簡單技巧會讓人覺得「喔？這個新人還滿懂得運用數字呢」。

使用這個技巧有兩個好處。

一是比較多筆資料時，能夠減少比較平均數與標準差這兩種數字時的繁複程度。

另一個好處是，能夠以極為簡單且具說服力的內容說明比較結果。

在此，先重新確認一下前面提過三場研討會的平均數與標準差吧。

研討會A：平均數2.96（分）標準差1.08（分）
研討會B：平均數2.88（分）標準差1.61（分）
研討會C：平均數4.32（分）標準差0.99（分）

最早我們把C定義為「成功的研討會」，那是因為該研討會的標準差最小，而且平均數也最高的緣故。總之，可以用下列的方式來表示。

成功的研討會＝（標準差小）而且（平均數高）

如果以數學方式來表示的話，就可以說下面的數值愈小，就愈能夠評定為成功的研討會。

研討會的評量結果＝標準差÷平均數※

※學術界定義這個計算結果為「變動係數」。相對評量不同資料的離散程度

●透過三場研討會的平均數與標準差計算評分

標準差÷平均數＝研討會的評分

（愈小愈好）

研討會A　1.08÷2.96≒0.36

研討會B　1.61÷2.88≒0.56

研討會C　0.99÷4.32≒0.23

C（0.23）＜A（0.36）＜B（0.56）

好　　普通　　有待改善

時，就可以使用變動係數。

看到除號出現，可能有人覺得有點奇怪。不過，請把它視為單純的比率關係就好。舉例來說，通常對於目標值的達成率（也就是評量），可以利用以下的計算式表示。

達成率＝實績值÷目標值

求職學生的內定放棄率、電視節目的收視率等，都是利用兩個數字相除所得到的數字來說明「多．少」、「好．壞」等。就像這樣，利用兩個數字相除的結果來評量事物的做法，

●第二次舉辦研討會A與B的問卷調查結果

研討會A

上次結果	平均數2.96（分）	標準差1.08（分）
↓		
這次結果	平均數3.54（分）	標準差0.98（分）

研討會B

上次結果	平均數2.88（分）	標準差1.61（分）
↓		
這次結果	平均數4.10（分）	標準差1.00（分）

在日常生活中頻繁出現。

▼簡單比較多筆資料

那麼，我們就進入主題吧。先試著利用前面三場研討會的資料來計算各自的比率（前頁圖。小數點以下三位一律四捨五入）。

由於我們定義了這個數值就是研討會的評量分數，所以能夠依據數字來說明「好」的研討會當然就是C，A是「普通」，B是「有待改善」。

更進一步地，如果使用這個比率，也能夠清楚說明已經改善・尚未改善的研討會。例如再次舉辦研討會A與研討會B之後，得到如上圖的結

●第二次舉辦研討會A與B的問卷調查結果，利用平均數與標準差計算的評分

研討會A

上次結果　1.08÷2.96＝0.36

↓

這次結果　0.98÷3.54＝0.28　**改善0.08分！**

研討會B

上次結果　1.61÷2.88＝0.56

↓

這次結果　1.00÷4.10＝0.24　**改善0.32分！**

果。

研討會A與B的平均數都有增加，標準差也都變小。目標是達到研討會C的程度，看起來兩者都有改善。

但是，若要更深入瞭解研討會A與B哪個改善程度高的話，單純只看這些實數也難以說明。因為（容我一再強調）兩者的平均數都增加，標準差也都變小。

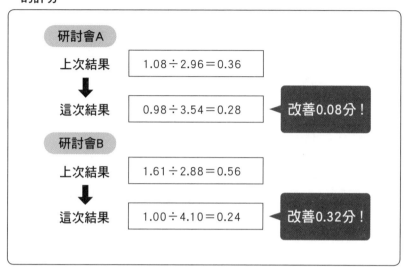

正是這種時候，才要利用前面介紹的比率數字來說明（上圖）。

首先，比較標準差÷平均數的值得到零點二八與零點二四，可以說明B比A好。更進一步比較改善後的數值，也能夠說明B的改善程度高。假如研討會A與B的負責人不一樣，則這個數字也可以成為B的負責人更應該獲得好評的依據。

就像這樣，計算平均數與標準差的比率，能夠獲得相對評量的數字，也能夠簡單說明多筆資料之間的比較結果。以零售業來說的話，就類似針對多家店鋪評量今年與去年的業績一樣。

▼就算是規模不同的數據資料也能夠互相比較

比較不同規模的數據資料時，這樣的思考方式特別奏效。舉例來說，假設另外還有一場研討會D，而只有這場研討會的問卷題目設計為滿分十分而不是五分。

由於分數範圍拉大，當然平均數或標準差等實數也可能等比例提高，極可能會看到平均數高於五分的情況。這麼一來，就很難單純與研討會A（或研討會B、C）比較。

就算是這樣的情況，如果利用除法計算比率的話，就能夠比較研討會A與D，也能夠相對評量哪場研討會的改善程度高。

其他還有許多如下面不同規模的比較案例。

- 實體店面與網路通路
- 紙本書籍與電子書籍
- 東京總店與札幌分店
- 日本分公司與美國分公司
- 新人山田與老手佐藤

…

進行這類比較時，更要做出相對的評量。這樣就算是工作內容或規模等前提完全不同的對象，也能夠互相比較，或者也能夠說明哪個較好，哪個品質改善較多等。

如果難以透過實數比較，就使用比率吧。就如第一章曾經提過的，「工作中使用的數字，只有實數與比率兩種」，這個事實是最核心也最重要的觀念。

7 任何人都能使用的解讀數據資料「五步驟」

▼利用「五步驟」思考

最後，也是為本章做歸納，以下整理讀取資料時的作業流程。請各位運用前面說明的技巧，透過以下的五個步驟讀取資料。

步驟1　先把數據資料轉換成圖表，掌握「傾向」與「異常」。
步驟2　計算數據的平均數與標準差。
步驟3　若有必要，排除「異常」，重新計算平均數與標準差。
步驟4　利用「平均數±標準差」掌握「大致的分布範圍」。
步驟5　利用「標準差÷平均數」相對評量。

▼以數字比較不同個性的兩家店

在此，以某零售業者的東京店與大阪店為對象，設定實際的營業狀況並解讀資料。

步驟1

一六一頁的〈圖一〉以折線圖顯示某年八月份每日顧客來店數的變化。東京店的每日來店數變化劇烈，大阪店則呈現穩定的上升趨勢。更進一步觀察，發現東京店的上旬與中旬各有一個「異常」數字。這個異常很容易推測可能是基於特別情況而發生的，例如附近舉辦放煙火活動或音樂會等所產生的結果。

步驟2

接著，利用Excel軟體計算平均數與標準差，得到一六一頁〈表一〉的結果。結果與利用圖表掌握的狀況相同，在此透過數字獲得證明。

步驟3

只是，東京店出現的兩個「異常」顯然會大幅影響平均數與標準差，所以單純比較〈表一〉的數字意義並不大。

因此，排除Excel表中的兩個「異常」數字，重新計算平均數與標準差。如此一來，既排除了異常要素使資料呈現正常狀態，比較數字也有意義。

次頁〈表二〉就是計算後的結果。剔除兩個「異常」數字之後，看得出東京店的平均值僅略低於大阪店，更進一步看，標準差也從一百二十三降到四十八。

步驟4

透過這些數字可以算出「平均數±標準差」，也能夠以數值呈現「大致的分布範圍」。就如〈表二〉所示，數值能夠說明大阪店的分布範圍較小。

步驟5

另外，就算利用「標準差÷平均數」來做相對評量，也得到大阪店體質較好的結果。從圖表得到的大致印象，在此也能夠藉由具體數字獲得證明。

●某零售業者的東京店與大阪店的數據比較

圖 1 **八月份東京店・大阪店的每日來客數**

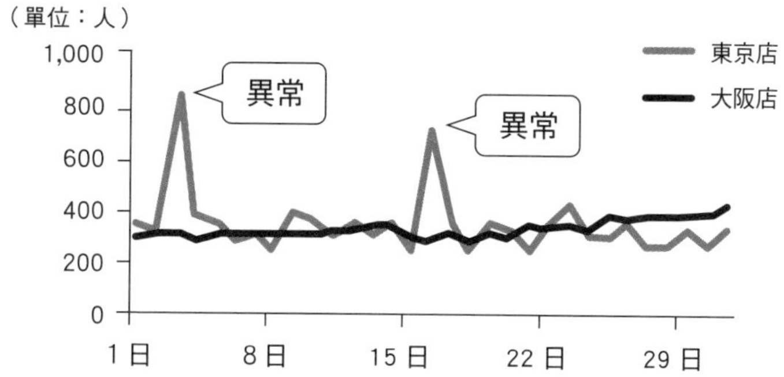

表 1 **先直接算出數值**

	東京店	大阪店
平均數	351	334
標準差	123	32

＊小數點以下四捨五入。

表 2 **剔除東京店的兩個「異常」數字再計算**

	東京店	大阪店
平均數	321	334
標準差	48	32
平均數±標準差	273 ～ 369	302 ～ 366
標準差÷平均數	0.15	0.10

＊只有「標準差÷平均數」是小數點以下三位四捨五入。

基於以上結果可以得知，假如這樣的趨勢持續不變，從圖表就可以看出大阪店的來客數有緩慢增加的趨勢，未來也能期待有更進一步的成長。甚至，從結果也能說明大阪店未來的來客數預測失準的風險不高。以股價比喻的話，就是風險低且股價持續上漲的股票。

討論未來哪家店要多配置員工，或是安排多少員工才恰當的問題時，運用這些資料就可以透過數字加強自己的說服力。

舉例來說，如果剔除東京店的異常數字，就可以從每日來客數的「平均數±標準差」的結果，設定平常約有二百七十三人～三百六十九人進入店裡消費，以此安排員工的班表即可。

另一方面，根據上述的數字結果，就能夠說明大阪店的來客數落在三百零二人～三百六十六人，同時也要考慮人數有上升趨勢，安排員工班表時，也要預先設定增加員工人數。

▼能解讀→想說明→樂在其中

就如前面說明的，組合平均數與標準差等兩個數字來解讀，可得到莫大的好處。

對數字不敏銳的人，一開始對於塞滿數字的表格或使用Excel軟體可能會心生抗拒，不過，假如不是專門做數據分析的工作，進入公司數年就能夠弄懂這些數字的話，就堪稱「能解讀數字的人」了。

一旦能夠解讀數據資料，一定會想對他人說明。當你覺得樂在其中，就表示你成功了。

「未來的情況，請在這範圍內思考。」

「從過去的實績來看的話，風險大的是這個喔。」

你想不想成為能夠以數字說明的商務人士呢？

專欄 4 柴比雪夫不等式

大部分的資料都分布在「平均數±標準差」的範圍之內。本書以極為直覺且模糊的方式說明。以下我將說明其實如果稍微擴大這個範圍，就可從數學理論引導至具體事實。

九十五％以上的資料都分布在「平均數±（標準差+2）」的範圍內。換言之，某資料落入此範圍的機率高達九十五％以上。

這個說法稱為柴比雪夫不等式（Chebyshev's Inequality），其數學理論相當複雜，詳細的說明就交給專業書籍處理。

不過，在工作中使用平均數與標準差來說明預測範圍時，就可以試著使用這些「措辭」，或許別人就會對你留下「這個新人數字很強」的深刻印象。

第 5 章

連前輩也不見得會！使用數字與圖表製作資料的訣竅

這份資料感受不到你的「工作熱忱」

新人：「這是下週會議要使用的資料，裡面也放入數據跟圖表了。」

主管：「喔，謝謝。我看一下。」

會計部門的新人向主管報告交辦的會議資料已經完成。新人學過簿記，看數字也算是在行，然而……。

主管：「你來一下好嗎？」

新人：「好的。」

主管：「從這資料來看，感覺不到你的工作熱忱呀……」

新人：「啊？」

主管：「像這個圖表，你想傳達什麼訊息呢？」

新人：「訊息嗎？」

主管：「所謂圖表，應該有你想傳遞的訊息。不就是為了方便傳遞訊息，所以才使用圖表的嗎？」

新人：「啊，是的……」

主管：「還有這個表格，只是列出許多數字，看報告的人到底應該聚焦在哪裡才好呢？」

新人：「聚焦？」

主管：「你的工作不是只製作資料就好。」

新人：「是的。」

主管：「既然都已經花時間精力做資料了，就要再用點心或下功夫，做出一份可以簡單易懂傳達訊息的資料。」

新人：「用心啊？」

主管：「就跟烹飪一樣。只須用點心，料理就會變得更美味吧！」

新人：「我懂了。我再來試試看。」

1 以「想表達什麼？」為根據選擇圖表

三個基本圖表：直條圖・折線圖・圓形圖

本書前面已經出現過好幾種圖表。在此之前，許多人製作資料時，可能已經用過多種不同圖表了吧。不過，正因為大家都把製作圖表視為理所當然，所以如果不瞭解基本做法，就會在無意中出糗。

因此，本章將介紹製作資料時使用的「圖表」之製作方式與步驟。切莫因為「自己已經會用」就覺得放心，一定要練好基本功才行。

首先，我整理了職場上頻繁使用的三種圖表及其用途。當然，情況各有不同，不過可以先依照此基本原則使用。

直條圖：比較大小時使用。
折線圖：呈現變化時使用。
圓形圖：顯示比率時使用。

▼選擇標準是「你想表達什麼？」

舉例來說，某事業一週的每日營業額分別以三種圖表呈現（一七一頁圖）。〈圖表A〉容易傳達週末營業額比平日低的訊息，〈圖表B〉容易傳達從週一到週日營業額逐漸降低的訊息，〈圖表C〉則清楚看出每日營業額占總營業額的比率。

總之，想呈現「〇〇較大（小）」等比較資料大小時，使用「直條圖」；想顯示「逐漸增加（減少）」等變化時使用「折線圖」；想一目瞭然看清楚比率時，使用「圓形圖」。

重點是，得先決定想透過資料表達什麼訊息，自然就可選定圖表，不可隨意想著「來用哪個圖表好呢？」，基本原則一定要確實掌握才行。

〈BAD〉

「這個資料要做成什麼圖表好呢？」

↓「折線圖簡單易懂。不，還是用直條圖吧？」

↓「感覺直條圖看起來比較醒目……」

〈GOOD〉

「我想透過這份資料表達什麼呢？」

↓「下降趨勢的這個事實。」

↓「那麼就選折線圖吧。」

●以圖表顯示某事業的每日營業額

◎原始資料

	週一	週二	週三	週四	週五	週六	週日
營業額（日圓）	493,400	539,150	499,410	556,010	487,500	345,270	325,960

圖表A 想呈現大小時使用「直條圖」

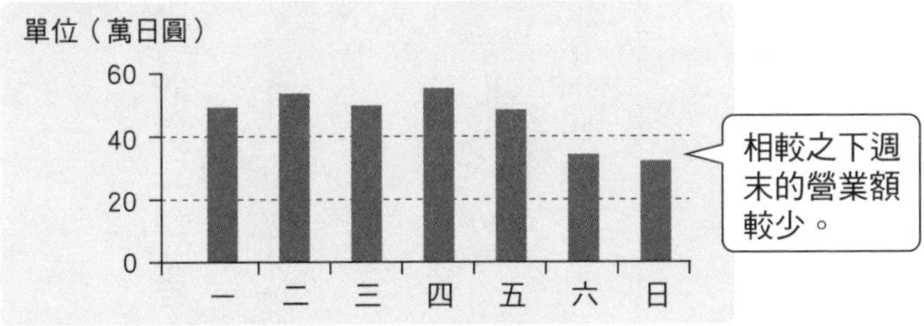
單位（萬日圓）
60
40
20
0
一
二
三
四
五
六
日
相較之下週末的營業額較少。

圖表B 想呈現變化時使用「折線圖」

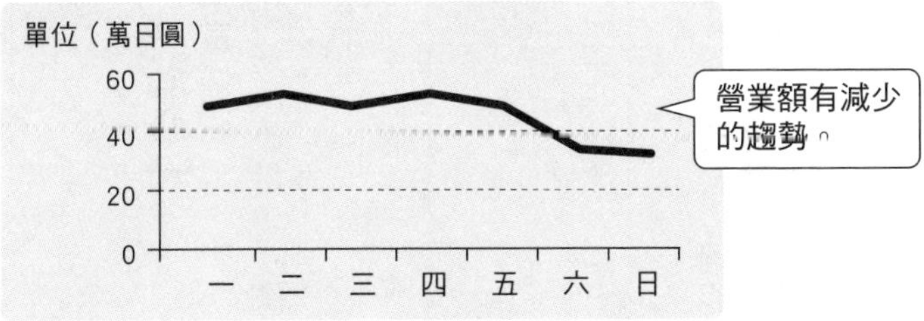
單位（萬日圓）
60
40
20
0
一
二
三
四
五
六
日
營業額有減少的趨勢。

圖表C 想呈現比率時使用「圓形圖」

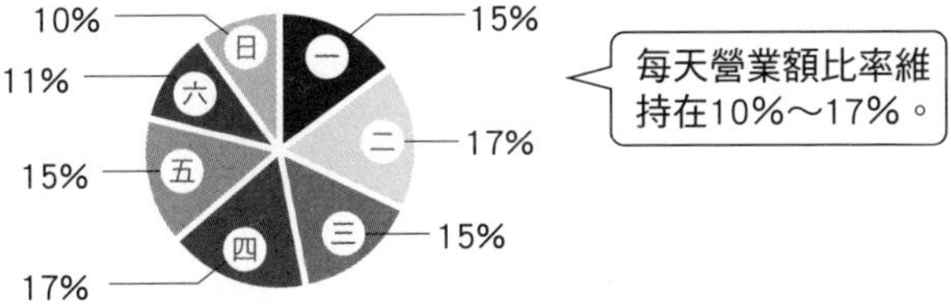
10%
日
15%
一
11%
六
二
17%
15%
五
三
15%
四
17%
每天營業額比率維持在10%～17%。

2 一個圖表只附加一個訊息

▼製作圖表時兼具「訊息」與「貼心」

前一單元介紹了三種基本圖表的用途。不過，在圖表中編輯資料時，光是這些圖表還不夠，因為缺少了以下兩個重點。

- ●只放入一個訊息。
- ●視覺上簡單明瞭。

請再加點功夫，在圖表中放入訊息，這樣對方就能夠瞬間瞭解「你要講的是這個吧」。透過這樣的做法，圖表之於對方才開始產生意義。

舉例來說，假如想表達的是前面〈圖表A〉呈現的「週末營業額比平日少」的事實，則比較平日與週末的方式，就更容易傳遞訊息。而最簡單的強調方式應該就是改變顏色。

另外，若想傳達這個訊息，標示刻度的橫線有存在的必要嗎？刪除其他非必要的訊息，可使圖表看起來更清爽，視覺上也比較沒有負擔（一七五頁上圖）。

另外，假如〈圖表C〉想傳遞的主要訊息是「平日的營業額約占總營業額的八成」，就要以同樣概念在圖表上多下一點功夫。加入想傳達的訊息，同時減少視覺上的負荷，就可做成一七五頁下圖的圓形圖。

▼無論是製作資料或烹飪，「下功夫」最重要

總之，傳遞訊息的圖表就是要不厭其煩地下功夫製作。只利用資料做出一個圖表給對方，這樣是無法傳達任何訊息的。

雖然這只是小事，不過有能力的人就會確實花功夫在訊息的傳遞上。反過來說，這樣的人在面對圖表時，也會以相同的角度解讀圖表。

任何人都能夠畫出圖表。

正因如此，能否花點工夫製作圖表，這點就會與你的對手拉開距離。製作資料時請務必注意細節，避免因為不小心的疏忽而獲得負評。

製作資料與烹飪的道理一樣。無論是調味或擺盤，只要花點功夫，味道或給人的印象就會驟然改變。若想提高工作品質，一定要下功夫研究才行。

●有下功夫傳遞訊息的圖表

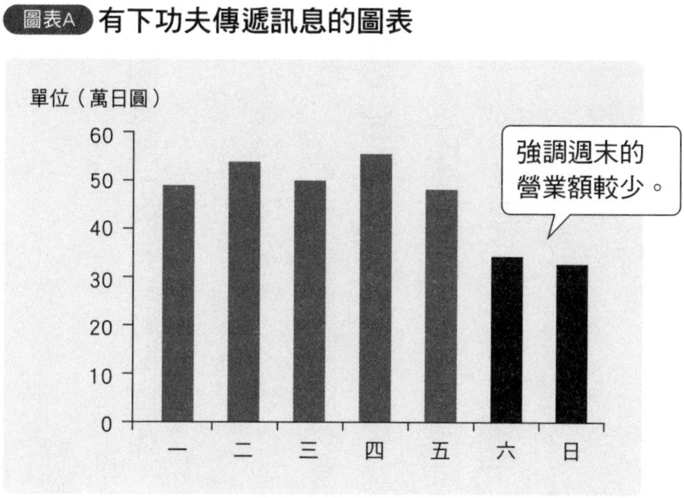
圖表A 有下功夫傳遞訊息的圖表
單位（萬日圓）
60
50
40
30
20
10
0
一
二
三
四
五
六
日
強調週末的營業額較少。

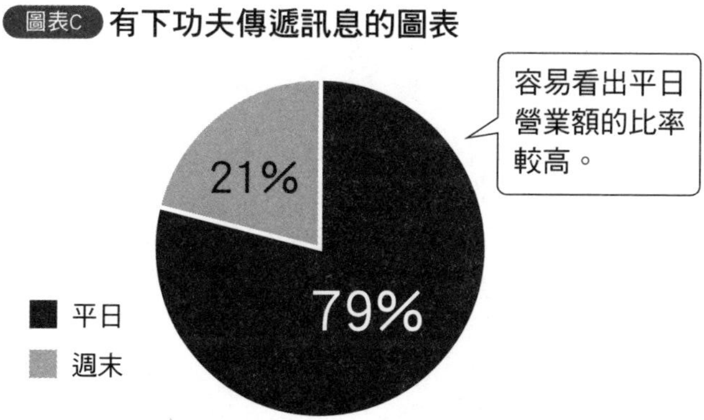
圖表C 有下功夫傳遞訊息的圖表
容易看出平日營業額的比率較高。
21%
79%
平日
週末

3 利用散佈圖可一眼看出相關性

以圖表顯示兩筆資料的關係

當兩筆資料中的一筆增加，另一筆也同時增加（或減少），我們稱這兩筆資料「具有相關性」。舉例來說，當氣溫愈上升（愈下降），則刨冰就賣得愈好（愈差），就可以說氣溫與刨冰的營業額具有相關性。

舉一個工作中常遇到的具體案例。

假設主管要求你從行銷的觀點找出對策，提高公司網路銷售事業的營業額。這一個月來，營業額持續減少，找出原因就成為你的重要工作。

或許一開始你會懷疑是否單純只是點擊數下降的緣故，不過通常實際的因素並不會那麼單純。

透過流量分析工具調查數據資料，發現每天的點擊數增減與營業額增減幾乎沒有相關性，同時也瞭解其實網路的跳出率（只看一個頁面就離開網站的行動之比率）愈高，該日的營業額則愈少。像這種重要事實，如果使用看一眼就能瞭解訊息的圖表就很方便。

▼利用「散佈圖」說明相關性

請看一七九頁的圖表。〈圖一〉的橫軸是「營業額（萬日圓）」，縱軸是「跳出率（％）」。這樣的圖表稱為「散佈圖」，Excel軟體有內建繪圖功能（請參照〈附錄〉第四頁）。

如圖表所示，跳出率高的那天，營業額有偏低的傾向。總之，可以說兩者具有相關性。然而，從呈現營業額與點擊數關係的〈圖二〉，就看不出兩者具有相關性。

從以上的說明能夠瞭解散佈圖可以簡單表達以下兩個訊息：

- 降低跳出率，有機會提高營業額。
- 就算單純增加點擊數，可能也難以提高營業額。

▼若想提高營業額，應該怎麼做？

只是，營業額與跳出率始終只是具有相關性，不能因此認定兩者具有因果關係。跳出率低並不是營業額減少的原因，營業額減少另有其他直接因素，只是人們以為主要原因是跳出率。

因此，就如第二章曾說明過的，使用「為何會這樣」與「因此」來建立假設吧。

每天的跳出率都有變動。

←（為何會這樣）

也許是每天首頁的主企劃案都有更新的緣故。

←（因此）

可能主企劃的反應直接連結跳出率。

←（因此）

必須分析反應好．壞的企劃之差異。

●利用「散佈圖」呈現相關性

圖1 營業額×跳出率（每日數據）

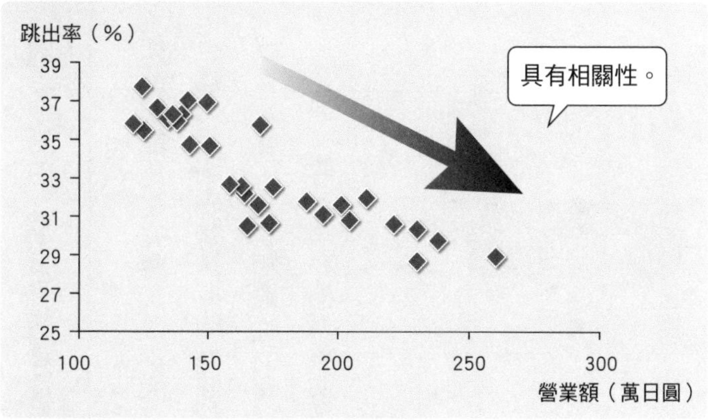

圖2 營業額×點擊數（每日數據）

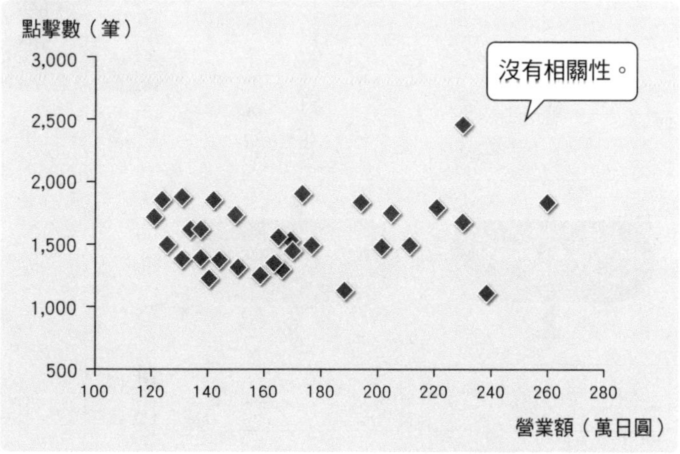

※Excel軟體繪圖參照〈附錄〉第4頁。

←（為何會這樣）

因為企劃的好壞極可能直接影響營業額。

如此就能夠建立應該改善的是「主企劃的品質」，而非「降低跳出率」的假設，也能夠說明應該採取的具體行動。

就像這樣，具有相關性的事情不見得一定具有因果關係。如果在這部分多加注意，並加入散佈圖與補充說明等資料，這樣就完美了。

4 建立可瞬間傳遞多項訊息的圖表

組合多個圖表

一七二頁介紹過「一個圖表一個訊息」的基本原則。不過，這始終只是基本原則。實際上如果組合多個圖表，就需要補充可在瞬間傳達多項訊息的資料。這也是為了因應「歸納在一張A4紙上」的主管要求，務必學會的一項技能。

其實這項技能一點也不困難。商務人士學會使用直條圖・折線圖・圓形圖・散佈圖等即已足夠，如果再學會「組合使用」就更完美了。請參照〈附錄〉，學習利用Excel軟體製作圖表。一旦熟練這些圖表的運用，在職場上就可獲得他人的正面評價。

直條圖×折線圖

首先是組合直條圖與折線圖的圖表。

其中最具代表性的是一八三頁的圖表。這個圖表也稱為「巴雷托圖」，是能夠顯示熱銷與滯銷的產品狀況，以及各自占整體的比率（亦即整體銷售額有多依賴該產品）之圖表。

利用直條圖可以清楚看出產品a到產品g的訂單數量。還有，把比率的累計數字製成折線圖，就可看出就算重新檢視產品f與產品g，兩者相加的比率也只不過占整體的八％而已。

▼圓形圖×圓形圖

其次是圓形圖。如果希望像前面那樣顯示所有產品的訂單數量，同時又想強調產品f與產品g僅占八％的事實，則可以運用一八四頁由兩個圓形圖構成的環圈圖。

這種環圈圖的中間剛好是空白，如果在此處填上圖表標題或總數就很貼心。環圈圖所傳遞的訊息與前面的巴雷托圖幾乎相同，所以依照喜好使用就可以了。只是這個喜好必須是報告對象的喜好，而不是你自己的喜好。

●巴雷托圖

〈產品a～g的訂單數量與比率〉

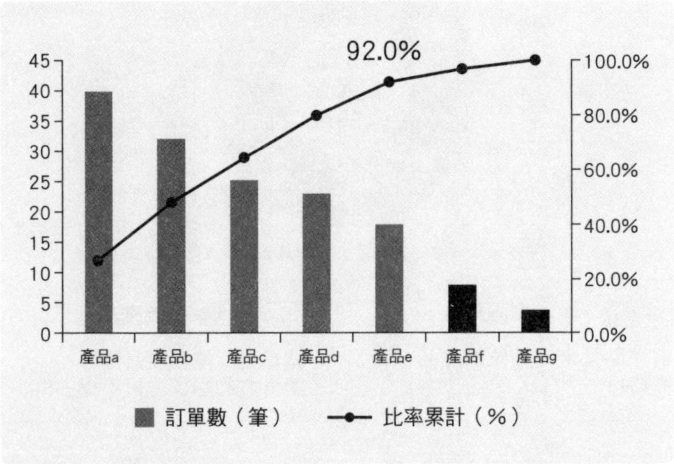

	產品a	產品b	產品c	產品d	產品e	產品f	產品g
訂單數（筆）	40	32	25	23	18	8	4
比率累計（%）	26.7	48.0	64.7	80.0	92.0	97.3	100.0

訊息1 ➡ 條狀圖

產品a～e都賣得好，所以持續銷售。

訊息2 ➡ 折線圖

就算重新檢視產品f與g，對整體的影響只不過占8%。

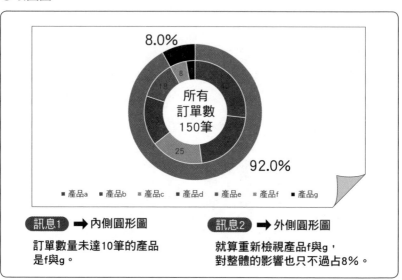

●環圈圖

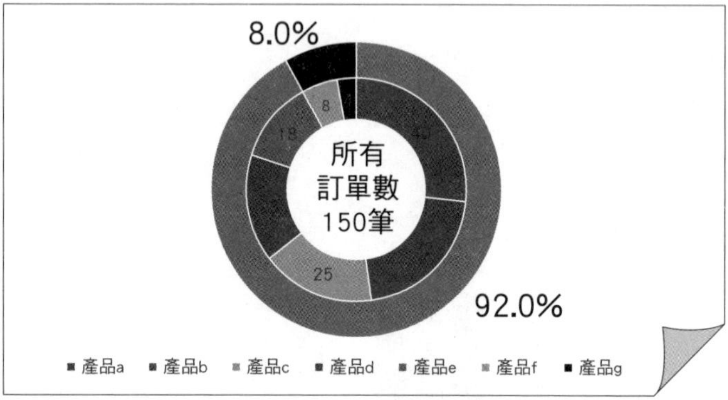

訊息1 ➡ **內側圓形圖**

訂單數量未達10筆的產品是f與g。

訊息2 ➡ **外側圓形圖**

就算重新檢視產品f與g，對整體的影響也只不過占8%。

▼圓形圖×直條圖

假如想透過圖表傳達的訊息是「繼續銷售產品a～e，重新檢視產品f與g。加總產品f與g的訂單數量只占整體的八%」，那就可以像次頁那樣，組合圓形圖與直條圖來表達想法。這種圖稱為「圓形圖帶有子橫條圖」，Excel軟體有內建畫圖功能。

資料中簡潔標記資訊，只在必要的部分載入數字，也能夠塗色。

光是這裡介紹的幾種組合圖表，就足夠用來呈現資料。不過，絕對不要為了讓自己製作的資料看起來很厲害而使用。除非必要，否則請千萬記

●圓形圖帶有子橫條圖

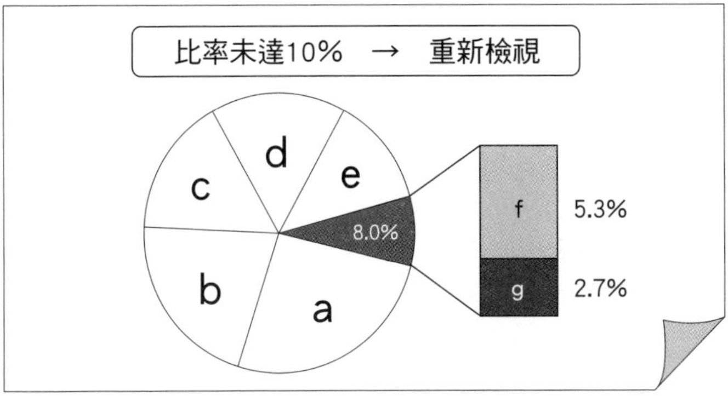

訊息1 ➡ 圓形圖

繼續銷售產品a～e。

訊息2 ➡ 直條圖

重新檢視產品f與g。
兩者相加，比率也只有8%。

住遵守「一個圖表一個訊息」的基本原則。

利用Excel軟體繪圖的方式，請參照〈附錄〉六～十六頁。

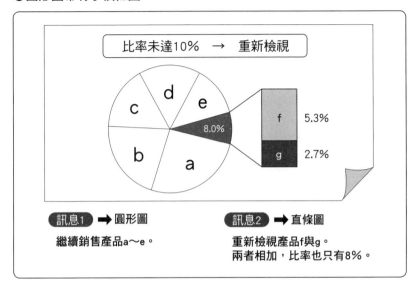

5 以一條直線傳達訊息的製圖訣竅

▼除了折線圖之外，再加一點功夫

接下來將介紹使用折線圖時的一個小訣竅。

次頁的表格記錄了分發到業務部的新人A與B的月別業績。如果想呈現業績變化，就可以使用前面介紹的「折線圖」。

假如想特別強調的訊息是「A：今後可期待成長，B：成長不理想」，那就要再加一點功夫，使訊息簡單易懂。

▼以一條直線顯示趨勢變化

利用兩個箭號顯示折線圖的趨勢變化（利用Excel軟體繪圖的方式，請參照〈附錄〉十七～二十一頁）。這個箭號稱為趨勢線，透過數學方式大致表示資料的變化。

●A與B每月的業績

	4月	5月	6月	7月	8月	9月	10月	11月	12月	1月	2月	3月
A	60	80	90	70	120	100	140	130	160	230	250	290
B	50	40	50	60	70	80	40	50	40	70	60	80

（單位：萬日圓）

如次頁的圖所示。

光是看到圖表中的兩個大箭號（趨勢線），就可以一眼看出「今後可期待成長」以及「成長不理想」等兩個訊息。

這裡不是要顯示折線圖的微小變化，只是要說出「今後可期待成長」以及「成長不理想」的訊息。話說如果刪除折線，只以兩條直線說明，這樣做也太草率，缺乏說服力。因此才更要使用這個小技巧。

▼直條圖也能夠運用此訣竅

順帶一提，也有人在直條圖中呈現這樣的趨勢變化。

●折線圖×顯示資料變化的箭號

〈A與B的月別業績〉

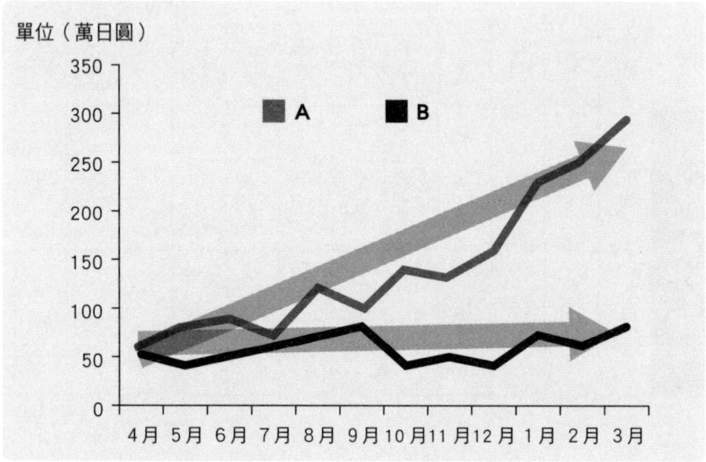

因為沒有絕對的規則，所以如果直條圖比折線圖更容易迎合對方的喜好，那也無所謂。作業程序完全相同，可以做出如次頁圖般呈現變化的直線。

只是，請注意顏色的選擇或濃淡配置，不要讓圖表看起來雜亂無章。例如上圖中追加的箭號要調淡一點，而次頁圖的直條圖顏色就要調淡，使箭號的顏色感覺比較清楚，藉以突顯想傳遞的訊息。

這裡的調整方式沒有清楚的依循規則。

不過若以化妝來比喻，就是記得盡量保持淡妝即可。

●直條圖×顯示資料變化的箭號

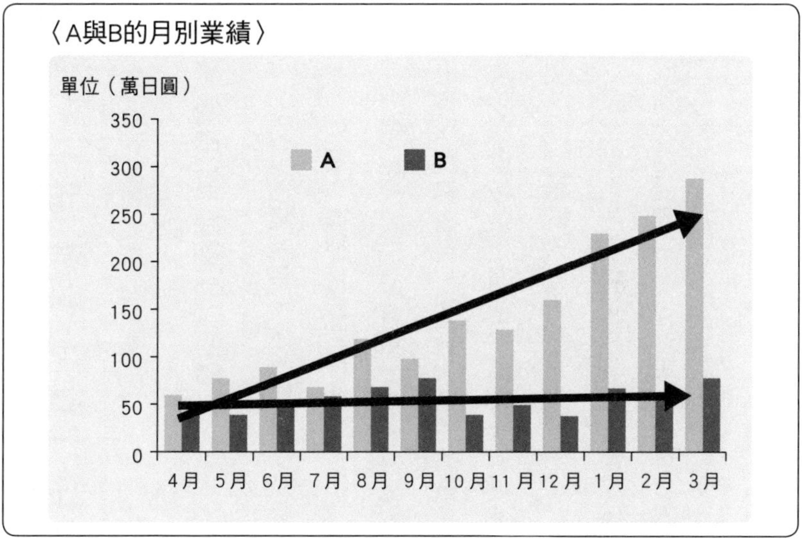

這是任何人從現在起都可做到的一點「功夫」。

6 利用瀑布圖一眼看出「進」與「出」的狀況

▼使用直條圖的訣竅

使用直條圖時，你曾經擦掉直條圖的線條嗎？

何謂「擦掉直條圖線條」？本章將介紹最後一個訣竅。

舉例來說，某會員機構的行銷負責人希望製作一份可一眼看出會員入會與退會狀況的資料。次頁表格中的數據是某會員機構的年初會員數（五十萬人）以及年底會員數（四十六萬人）。更進一步地，表中詳細記錄了減少的四萬人中，男、女會員的入會・退會人數。

這類型的資料可以利用「瀑布圖」來呈現。從此圖表可一眼看出會員數減少四萬人的最大主因，就是女性會員大量退會所致。

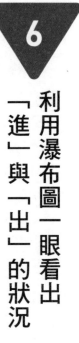

●原始資料

〈會員數變動的明細〉

年初會員數	入會（男性）	入會（女性）	退會（男性）	退會（女性）	年底會員數
50	11	3	5	13	46

單位：萬人

▼製作瀑布圖的方法

以下來學習把表格轉換成直條圖，再消去直條圖部分線條以形成瀑布圖的做法。首先，先把上表的原始資料設為「顯示資料」，在Excel表格中也製作一列「刪除資料」。「顯示資料」包含了入會人數・退會人數的詳細數字，「刪除資料」則把第一欄與第六欄的數字設為「0」，其餘的就是入會就加，退會就減所得到的數值（一九三頁圖表）。

然後利用此資料做出「累積直條圖」的圖表，並把「刪除資料」的部分塗色，抹去線條與顏色，這樣就只留下「顯示資料」。形成的圖表如次頁下圖所示。

▼瀑布圖要在這時候使用

此外，總結收入與費用的類別與金額以及最終收益（損失）時，也可以使用這種圖表。購物網站把各商品類別的出貨數・退貨數等製作成瀑布圖時，全商品的進出狀況就可以一目瞭然。

簡單來說，如果想呈現「有多個加與多個減，最後得到這樣的情況」之訊息，瀑布圖可以發揮強大的威力。

在商場上，一定會發生金額或人數的「進」與「出」，所以商務人士一定有機會用到瀑布圖。

這個圖表因為高低相連，形狀類似瀑布而如此命名，據說麥肯錫顧問公司對顧客做簡報時，慣常使用這個圖表。

●以瀑布圖呈現資料

〈製作瀑布圖需要兩種資料〉

	年初會員數	入會（男性）	入會（女性）	退會（男性）	退會（女性）	年底會員數
刪除資料	0	50（＝0＋50）	61（＝50＋11）	59（＝61＋3−5）	46（＝59−13）	0
顯示資料	50	11	3	5	13	46

（單位：萬人）

〈瀑布圖〉

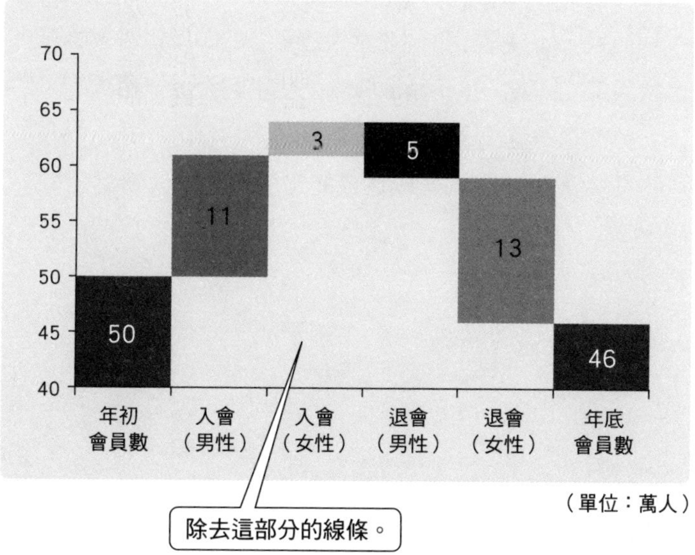

（單位：萬人）

專欄 5 身邊可取得的商業資料範本

「對圖表的使用感到猶豫時，有沒有參考的範本呢？」

剛進公司第一年的社會新鮮人偶爾會問這類的問題。這時，我建議的參考範本就是〈日經新聞記事〉

《日經新聞》（編註）必須在有限的版面中，盡量有效率地強調許多且對於商務人士而言重要的資訊。

而且，因為是忙碌的商務人士要看的，所以圖表的訊息必須清楚而確實。這不就跟職場上使用的資料一樣嗎？

什麼樣的資訊要以哪種圖表呈現？

從今天起，就試著以這樣的角度來閱讀《日經新聞》吧。

編註：日本具有相當影響力的大報紙之一，以財經新聞為主。

第6章

「沒有傳達」等於零！使用數字做簡報的技術

做簡報真的好難啊！

業務部門的新人明天第一次在客戶面前為新產品做簡報。前一晚，新人以明天將陪同前往的前輩為對象練習簡報。

新人：「百忙之中還請您幫忙，真不好意思。請多多指教。」
前輩：「沒關係。那麼，就把我當成客戶，趕緊開始練習吧。」
新人：「好的。感覺……有點緊張呢。」
前輩：「當我還是新人，把前輩當成客戶演練時也很緊張呢。」
新人：「好，那我開始囉！」

然而，三分鐘過後，前輩中止這場演練。

前輩：「你打算對客戶詳細說明這份資料裡面的所有內容？」
新人：「是啊，我想鉅細靡遺地正確說明比較保險吧。」

前輩：「這麼做的話，你覺得這場簡報要花多少時間呢？」

新人：「我覺得……搞不好要花一個小時吧。」

前輩：「明天的洽談時間，對方給多少時間？」

新人：「一個小時。」

前輩：「其中也必須包含最開始的問候、閒聊，以及結束後的問答吧。」

新人：「……確實是這樣沒錯。」

前輩：「對了，到目前為止的三分鐘內，你想帶給客戶的訊息是什麼呢？」

新人：「……？」

前輩：「我的意思是，你想在這三分鐘之內告訴客戶什麼事情？」

新人：「我只想好好地說明資料內容。」

前輩：「你該不會把『好好說明資料內容』跟『讓對方理解』這兩件事混為一談吧？」

新人：「……？」

前輩：「如果真這麼想的話，你的簡報會失敗喔。」

1 以「3－1－3」架構準備簡報

所有工作都是針對「簡報」進行

第六章的主題是簡報。我把這個主題擺最後，理由是一般工作的最終階段可能都是以簡報作為結束。

就算是進公司第一年的新人，一定也有機會對主管說明某些事情以獲得主管同意。例如在公司尾牙請主管領頭乾杯，這也是重要的簡報。

使用數字或邏輯等語言、提高「報告・連繫・討論」的品質、讀取數據資料或是反過來製作資料等，本書前面介紹的這些作業，應該都是為了最後對主管或客戶做簡報，以獲得「我懂了」或是「ＯＫ」等肯定的答覆。而簡報這麼重要的工作也一樣會因為使用數字而驟然提高品質。

簡報到底是什麼？

說明做簡報的方法之前，讓我先以一句話定義簡報。不過請記得這始終是本書下的定義。

「傳達自己的主張給對方，並在短時間之內獲得對方同意的行為。」

此定義中有三個重要的關鍵字，分別是「主張」、「短時間」、「同意」。首先，每個簡報一定都有主張。如果只是陳述某件事實，那只是單純的說明而已。更進一步地，簡報對象可能業務繁忙，如何在短時間內結束簡報就成為關鍵重點。還有，目標一定是獲得對方的同意。我再強調一次，單純的說明稱不上是簡報。

根據上述的定義，以下將介紹準備簡報時應該依循的架構。

以「3－1－3」架構建立簡報

我因為工作的關係，經常有機會做簡報。我在準備簡報時，一定會利用「3－1－3」架構設計簡報。

3：三分鐘結束（短時間）
1：鎖定一個主張傳遞（主張明確）
3：該主張的依據不超過三個（對方能夠理解）

各位是否察覺這個「3－1－3」架構連結了前面的定義？這個「3－1－3」架構是從公司新人到經營者，所有商務人士都應該掌握的簡報基本原則。

舉例來說，假設為了加強業務能力，想參加外面舉辦的一日研討會。為了獲得主管同意，你必須向主管做簡報。

3：「部長，現在可以給我三分鐘的時間嗎？」
1：「其實，我想參加外面舉辦的一日研討會。」
3：「研討會可以彌補我不足的知識。透過知識的運用，可以更加熟練製作會議資料的技巧。研討會的日期我剛好比較有空，不會給其他同事帶來麻煩。」

特別是剛進公司不久，比起在數人面前操作投影片做簡報，像這樣以主管為對象的「小簡報」機會應該占絕大多數吧。因此，請把這個「3－1－3」當成公式確實準備，挑戰三分鐘結束的小簡報吧。

▼要用「3－1－3」×2而非「6－2－6」

順便提一下想傳遞的事情有兩件時的做法。如果因為有兩個主張，所以架構設計成「6－2－6」，這樣極可能會模糊簡報的焦點。

所以不應該採用「6－2－6」的架構，請以兩個「3－1－3」的架構準備簡報。始終都要把「三分鐘－一個主張－三個依據」當成一個基本架構思考。

例如本書有兩百多頁的內容，分散在數章之中，每章就是一個主張。各章之下再區分為更詳細的項目，這樣讀者容易閱讀，我的主張也容易傳遞。

另外，瞭解了簡報是由各細項組成一整個區塊的概念，就算主管提出意料之外的評論，你也能夠回到原項目，重新再以「3－1－3」的架構說明。

對做簡報感到不安的商務人士，請務必從準備階段開始就要用心思考。

●想傳達兩件事情時

BAD

如果使用「6－2－6」，
就會模糊你想傳達的重點。

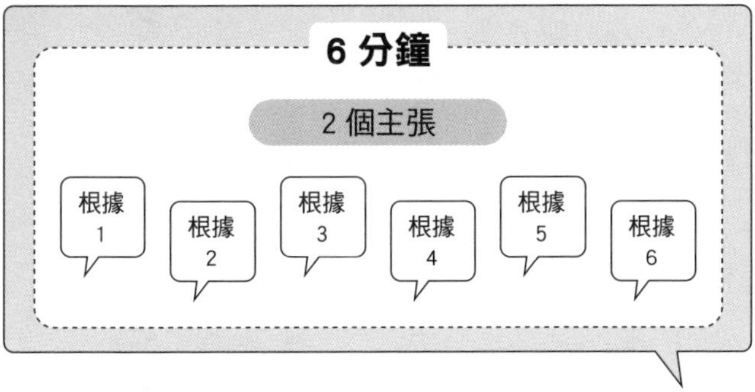
6 分鐘
2 個主張
根據 1
根據 2
根據 3
根據 4
根據 5
根據 6

GOOD

如果使用「3－1－3」×2，
不僅容易傳達，就算離題也容易言歸正傳。

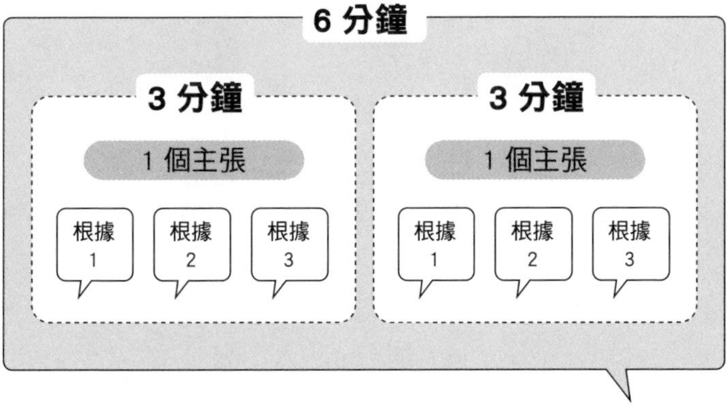
6 分鐘
3 分鐘
1 個主張
根據 1
根據 2
根據 3
3 分鐘
1 個主張
根據 1
根據 2
根據 3

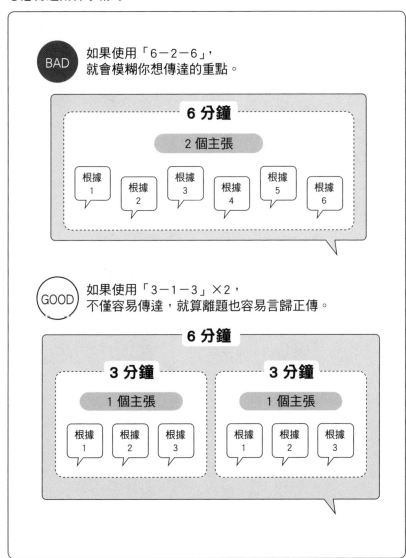

2 重視標準而非印象深刻

「印象深刻的數字」之陷阱

在企業研習課程中，我會要求學員做一項功課——「請試著使用數字設計簡報內容」。做這項功課的學員經常會說：「如果用這個數字，無法讓人印象深刻吧……」

為了讓對方同意，或是為了讓對方覺得「這真是太讚了」，人們都會使用讓人印象深刻的數字。那樣的想法我能理解，不過，其實這是非常危險的想法。

下面是我二十多歲在私人企業工作時，發生過的失敗經驗。這是公司推出新的服務，為了推銷給客戶做簡報時實際發生的對話內容。

深澤：「如果這個月申請的話，會有三十％的折扣！」
顧客：「這樣啊……」
深澤：「三十％的折扣喔！對貴公司而言，應該有很大的好處！」
顧客：「我想請教一個問題。」
深澤：「是，您請說。」
顧客：「所以這樣到底是多少錢？」

這真是讓人哭笑不得。那時候的我到底忽略了什麼呢？其實就是**我在簡報中說了我想傳達的數字，而非對方想知道的數字**。客戶想知道的是「可以花多少錢買到」，而非「折扣多少」，而我忘記了那樣的基本觀念，重心只放在用什麼數字會讓人印象深刻。

▼再次強調「標準」的重要性

因使用的方法不同，數字的呈現確實可以讓人印象深刻。例如「真正的花費只有0日圓喔！」「最多折扣五十%！」「使用者突破五千萬人！」等等。

不過，如果這個數字不是對方想知道的數字，那麼說出這個數字就完全沒有意義，因為你的簡報目標是要讓對方同意。

像這種時候，必須做的就是第一章提過的，以「對方的標準是什麼」的角度出發。對方一聽就懂、對方習慣的、對方想知道的，請選擇這些數字做簡報。以下舉兩個代表性的例子。

◎一年內，被診斷出罹癌的人有八十萬五千二百三十六人！

↓約每三十六點一秒就有一人發現罹癌。

※八十萬這麼龐大的數字或許覺得具有震撼效果。不過，對於不是從事醫療工作的人而言，這是一個無感的數字，所以要改用一個任何人都能夠理解的標準。

◎七月份新會員的註冊數量跟上個月比大幅成長了一百二十%。

↓會員註冊到六月為止累計二萬人，七月份增加五百人。

※如果對方只想知道與上個月比較的狀況，這麼說就沒問題。但是，如果對方的標準是「累計」或「單月的實數」，說法就非改不可，就算該數字是難以讓人印象深刻的小數字也一樣。

簡報的主角不是自己

就算你能夠像主播那樣說話流暢無礙，就算你如搞笑藝人般擁有精湛的話術技巧，假如沒有掌握前面說明的原則，你的簡報注定會以失敗告終。請思考一下你的簡報是要重視深刻印象，讓對方覺得提出的內容很厲害？還是要重視標準，以迎合對方習慣的表現方式，傳達對方需要的內容？

正確解答當然是「重視標準」。

簡報就是為了在短時間內取得對方同意而做的行為。只要目標是對方的同意，主角就是對方，而非自己。因此，所使用的數字必須讓對方在瞬間瞭解，同時也是對方想知道的數字才行。

請別忘了配角是為了烘托主角而存在，同時也請別犯下我曾經犯過的錯誤。

3 區分「呈報資料」與「補充資料」

▼職場上有兩種資料

資料是簡報的附屬品。各位知道職場上使用的資料大致可分為兩種嗎？具體來說就是「呈報資料」與「補充資料」兩種。

靈活運用這兩種資料，可大幅減少簡報時主管提出不必要的問題，或是接收到「難以理解」等負面回饋的可能性。

具體來說請確實執行以下兩點。

【呈報資料】資料中只針對自己的主張放入需要的數字。

【補充資料】為了因應對方提問，隨身帶著參考用的數據資料。

簡報依循「3－1－3」的架構是最理想的，所以最好盡量減少分發資料中的資訊量。不過，在實際的工作場合中，無法預測主管會追問什麼。為了預防萬一，手邊就要帶著參考資料以便能夠隨時回應。

▼資訊量與成功率呈反比

當我還是年輕社員時，會把所有看起來好像有用的資料都放入「呈報資料」裡，結果就發生以下的狀況。

◎主管指出「這份資料很難懂。」「長話短說，你到底想說什麼？」「現在說明的是資料的哪個部分？」

↓由於太擔心主管的指正，所以把所有可能相關的資料都放入簡報資料中。諷刺的是，這麼做反而招致負評，完全與我的預想背道而馳。

◎「嗯～這個數據還滿有趣的。你是怎麼分析的？」

↓我打算報告我負責的部門做出好業績，於是準備了與其他部門比較的資料與圖表。然而，主管卻發現完全不相關的部門的異常值，結果比起我的簡報內容，主管更在意那個異常值。如果是完全無關的部門，或許就沒必要放入資料，而且沒有事先想到主管看到異常值的反應也是我的不對。在那一瞬間，我明白對數字敏感的主管一發現異常值，就會立即反應而想深入探究原因。

◎「這個參考資料的這個數據對嗎？這份資料的內容到底正不正確？」

→我本來打算在簡報中報告四月～九月的業績成長以及成長率，但是某位前輩指出，參考資料中去年十月～隔年三月的數據中，有一個很小的實績數值有誤。確實，錯誤就是錯誤，前輩的指正也沒錯。但是該錯誤並不影響我的簡報內容。另外，前輩的指正使得簡報現場氣氛變差，至今我仍清楚記得那樣的畫面。現在想想，或許一開始就不應該發那份參考資料才對。

總之，並不是把所有「可能必要的資料」都放入呈報資料就是對的。請記住，呈報資料的資訊量與簡報成功率呈反比。

所謂恰當的「呈報資料」就如同手機或壽險的廣告一樣。廣告本身可以說就是一場簡報，廣告裡應該不會放入詳細的收費標準或合約內容給消費者看吧。廣告只會鎖定最想傳遞的內容與依據來製作。消費者若想進一步瞭解廣告中沒有提供的資訊，就會主動上官網確認詳情。

製作呈報資料的標準是就算沒有口頭說明，光看資料也能懂你的主張。另一方面，補充資料就是假設對方聽了簡報後可能會提問，為此而做的準備。簡報成功與否在於你如何想像簡報的進行，並做好適當的準備。

「供閱讀」與「吸引對方」的資料

「呈報資料」還可以進一步分成兩種，分別是書面的「分發資料」與PowerPoint投影片的「投影資料」。

經常看到商務人士把分發資料當成投影資料，拿來在PowerPoint上播放。這種做法原則上是不行的。因為是分發資料，所以特意拿來播放是沒有意義的。分發資料是「供閱讀」的資料，投影資料是「吸引對方」用的資料。請清楚分辨兩者的不同。

既然投影資料是用來「吸引對方」，根據這樣的概念，就請加大字型、塗色等，稍微施點淡妝以協助訊息順利傳遞；至於供閱讀的資料，只要簡單放入有確實根據的資訊即可。

補充資料只是供自己參考使用，所以無須做得太過華麗。

二一四頁的三種圖表都是以同樣概念製成的簡報資料。吸引對方的資料如果使用了圖表，訣竅在於左半邊放圖表，右半邊配置想傳遞的數字。容易辨識的圖表加上能夠簡潔傳遞訊息的數字，組合這兩種要素製作出來的投影片是最好不過了。請務必挑戰看看。

▼為誰簡報？如何運用？任務為何？

工作中使用的資料各有不同的任務。請確實瞭解各種資料的不同用途並且區分使用。如果覺得「因為太麻煩了，我靠一份資料走天下」，這樣想表達的主張就不容易傳達給對方，反而解釋起來更費功。

甚至在簡報一開始就要先表明：「假如所需的詳細數據沒有放入資料裡，簡報後我再用電子郵件傳送給各位。如果提問，我也可以在現場口頭說明。」

這麼一來，對方就能夠與你站在相同立場聽簡報，你也能夠開始進行理想的簡報。

●簡報應準備的資料範例①

呈報資料

◎吸引目光的資料

假設訊息是「A 在第 10 天減少了 60%的作業時間」。

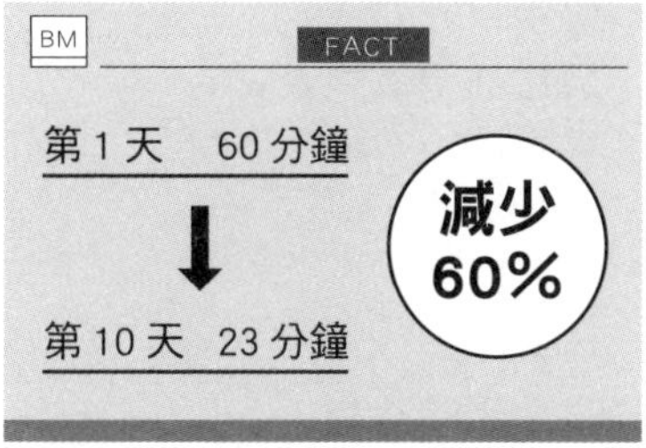

◎供閱讀的資料

A 的資料一目瞭然。

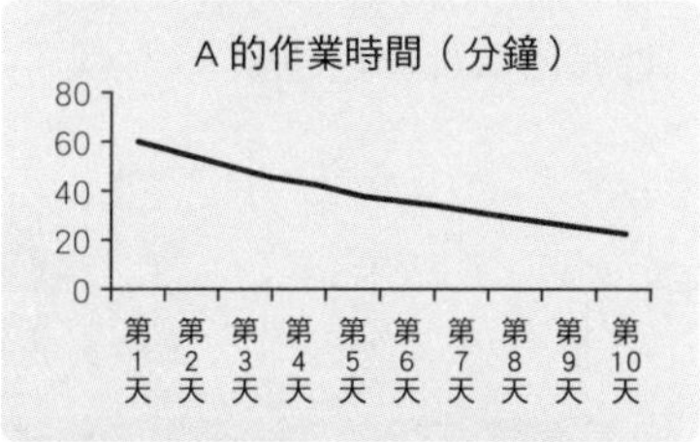

作業時間（分鐘）	第 1 天	第 2 天	第 3 天	第 4 天	第 5 天	第 6 天	第 7 天	第 8 天	第 9 天	第 10 天
A	60	54	49	44	39	35	32	29	26	23

補充資料

為了預防萬一，手邊也準備其他成員的變化情況。

作業時間（分鐘）	第 1 天	第 2 天	第 3 天	第 4 天	第 5 天	第 6 天	第 7 天	第 8 天	第 9 天	第 10 天
A	60	54	49	44	39	35	32	29	26	23
B	88	86	89	73	77	73	69	72	65	64
C	73	72	74	74	72	63	69	66	42	47
[illegible]	[illegible]	[illegible]	[illegible]	[illegible]	[illegible]	[illegible]	[illegible]	[illegible]	[illegible]	[illegible]

●簡報應準備的資料範例②

呈報資料

◎吸引目光的資料

假設訊息是「產品A從 2016 年度到 2017 年度增加 3.3 倍」。

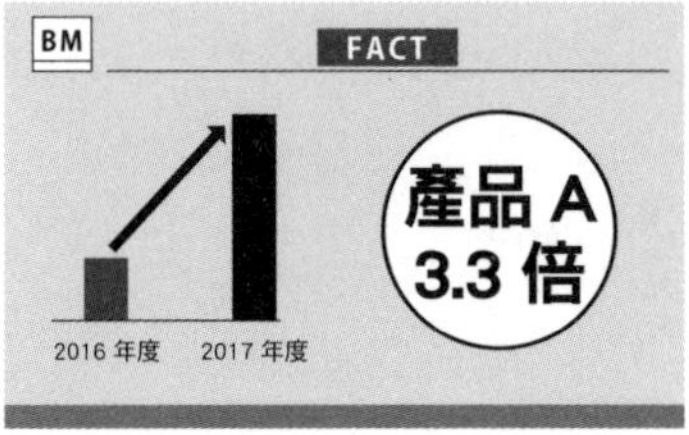

◎供閱讀的資料

從 2011 年度起，四種產品的情況一目瞭然。

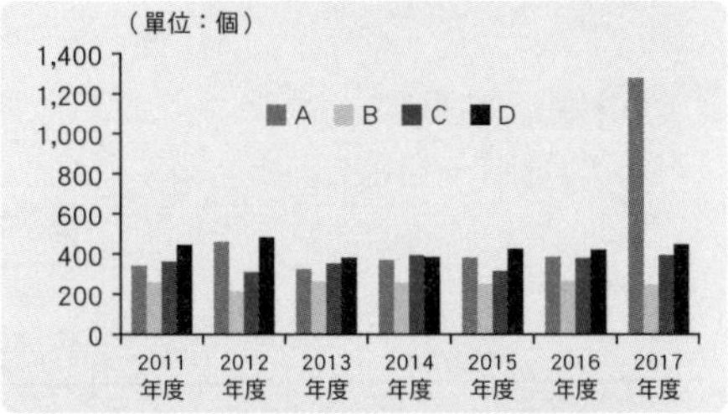

產品＼年度	2011	2012	2013	2014	2015	2016	2017
A	350	467	328	378	390	390	1,287
B	254	220	269	260	254	271	250
C	370	320	360	407	320	389	404
D	451	490	386	391	430	426	455

（單位：個）

補充資料

為了預防萬一，手邊也準備與去年同期比或過去累計等資料。

產品＼年度	2011	2012	2013	2014	2015	2016	2017	計
A 個數	350	467	328	378	390	390	1,287	3,590
A 去年比		133%	70%	115%	103%	100%	330%	
B 個數	254	220	269	260	254	271	250	1,778
B 去年比		87%	122%	97%	98%	107%	92%	
C 個數	370	320	360	407	320	389	404	2,570

●簡報資料的任務

	為誰簡報？	如何運用？	任務為何？
吸引目光的資料	對方	投影	吸引目光
供閱讀的資料	對方	提供紙本	供閱讀
補充資料	自己	自己持有	因應提問

資料任務各有不同。
以一種資料因應各種情況——
NG！

主管的工作也包含指正。如果以負面的心態來看，或許主管會思考要如何糾正部下的簡報，要怎麼指正才像個主管的樣子。還有，主管會做出什麼樣的指正，取決於呈報資料的內容與傳遞方式。

正確的指正是很歡迎的，不過你的目標是做一場正確的簡報，避免出現不重要且讓人感到困擾的指正。還有，面對只能做出真正指正的簡報，主管一定會稱讚「這個新人的思路真清楚呢」。

4 只有「數字」就能夠慢慢地說明

簡單易懂地傳達數字

資料之後，就要聚焦在口頭的表達方式了。簡報中，要以簡單易懂的說法傳達數字。具體來說，如果使用次頁圖的三種公式，應該就萬無一失了。

數字分為實數與比率兩種，同時透過比較，更可發揮強大威力。因此，商務人士會頻繁使用〈公式一〉與〈公式二〉的傳達方式。

另外〈公式三〉就等於第一章所介紹的賈伯斯的簡報方式。本書一再重複「轉換成對方的標準」的這個行為，就是公式三的做法。

以緊張為前提，控制說話方式

還有一個簡單易懂的說話重點，那就是放慢說話速度。這個方式非常簡單。說話速度過快是口頭傳達數字時的大敵，一般人只要一緊張，心情上就想「快點

●口頭上容易傳達數字的用法

公式 1 **相對於（實數 A），（實數 B），等於（比率）**

例 相對於去年度 400 萬日圓，今年度是 480 萬日圓，等於增加 20%。

公式 2 **相對於（比率 A），（比率 B），等於（實數）**

例 不良率雖然有 0.5%，不過改善了 0.4%，等於一年減少 100 個。

公式 3 **（實數 A），等於（實數 B）**

例 一年減少 1,000 萬日圓的成本，等於兩名員工的人事成本。

結束」、「順利進行」，不知不覺說話速度就變得愈來愈快。

但是，在商場上，簡報「說話速度快」幾乎沒有成功過。簡報要讓人聽得清楚、聽得懂才好。另一方面，當然也不能像慢動作那樣，慢條斯理地說話。

那麼，該怎麼做才好呢？其實學習適當的說話速度有兩個訣竅，學會這兩種訣竅，就可以運用數字控制說話的速度。

①數字要刻意慢慢地說。
②每十秒一次，「停留一秒」的留白後，再繼續說。

▼暗地裡強調「重要資訊」的傳達方式

一緊張說話速度就容易變快的人，建議要先強烈意識①。光是這麼做，說話節奏就有輕重緩急，內容也變得容易聽清楚。

以政治家的演講來說好了。當情緒興奮起來，說話速度多少會變快。不過，傳達經濟指標或支持率等重要數字時，就應該正確且確實說明才對。

或是請想想電視上播報新聞的節目，主播念到日經平均指數等數字時，應該都是緩慢且仔細念出每個數字才對。

另外，在職場上以數字這種語言傳達資訊是極為重要的。重要的訊息必須清楚進入對方耳中，同時對方也必須確實聽清楚才行。

放慢速度說話，藉此也能夠表達「我現在要說的是重要的事情」之訊息，真是一舉兩得的做法。

▼「兩行字」＝「十秒」

②也是希望各位要學會的技巧。如果能夠掌握「十秒停頓一下」的感覺，那是最好不過的。在此之前則最好先抓住「書籍的兩行字」的感覺。

舉例來說，如果以極普通的速度說話，十秒到底有多長呢？下列的範例就是大約十秒可以講完的句子。

> 「各位好。我是商務數學專家深澤真太郎。我的工作是協助對數字不敏銳的人靈活運用數字。請多多指教。」

如果是這樣的兩行字，相信任何人聽起來就像是一個訊息。但是如果句子再長一點，對方可能就會開始覺得疲乏了吧。

總之，像這樣以書籍的兩行字為一個段落，「一秒留白」做暫停，以這樣的感覺控制說話速度。

若要譬喻的話，①就是剎車，②就是暫時停止。只要能夠使用這裡介紹的技巧，應該就不會被指摘「說話太快難以理解」、「不知道你說了些什麼」。

請稍微注意一下表達方式，免得好不容易利用「3－1－3」架構準備的簡報內容全化為泡影。

5 填入資料的「表格」要施以自然妝容

▼不能直接把「表格」放入資料嗎？

商務人士在工作中製作的資料，大概都由「句子」、「圖表」與「表格」組合而成。

其中，句子無須粉飾，因為你也不會在商業文件上使用顏文字。也就是說，能夠調整的就只有「圖表」與「表格」。決定資料印象的，就是這兩者的調整做法。

在此說明「表格」的製作重點，因為大部分的商務人士**會修飾資料中的「圖表」，卻不在意「表格」的修飾**。

工作能力強與弱的人製作資料的差異，恐怕就在這樣的小地方吧。請務必從明天起，也試著改變資料裡的「表格」。相信閱讀資料的主管反應一定也會不一樣。

●「表格」要如何編排？

表1 每個月的拜訪中，有人陪同的次數

	4月	5月	6月	7月	8月	9月
A	25	27	30	39	41	52
B	30	31	26	28	39	32
C	16	20	26	19	20	26
D	28	30	31	36	32	28
E	32	30	26	31	27	29
F	19	22	18	25	30	27

（單位：次）

▼稍微修飾即可

假設有上圖〈表1〉的數據資料。資料記錄了六名新手業務員從四月到九月之間，每個月的拜訪中有人陪同的次數。主管指示把這份記錄表放入會議資料裡。

假如要把這份「表格」當成資料加以運用的話，不要原封不動放入，至少要利用Excel功能稍微修飾一下。以下介紹我稱之為「表格化妝」的修飾方式。

具體來說就是使用二二四頁圖的「格式化條件設定〈表2〉」與「走勢圖〈表3〉」等功能。所謂「格式化條件設定」，指Excel的功能可以在視覺上以簡單易懂的方式強調滿足某條件的儲存格；「走勢圖」是在儲存格中，插入小圖表的Excel功能。

關於製作順序，請確認〈附錄〉的二十一～二十七頁。只是，嚴格禁止使用太多顏色強調，始終要以淡妝為主，避免過度雜亂而帶來反效果。

格式化條件設定的條件不僅限於「TOP 10」，可以設定如「前十％」、「比二十筆少」等各種條件並更改顏色。想在表格中插入這類訊息時，這種做法更有效。

▼製作「奶油千層派」表格

另外，你是否無意識地認為「表格」一定要畫線？所謂畫線就是用來界定儲存格界線的線條。

基本上，這個線條是為了確實區分上下左右相鄰的數字。反過來說，如果可以清楚區分數字的話，就可以不需要線條。

認清這點後，為〈表1〉畫了淡妝，就形成二二五頁圖的模樣。我把這樣的表格比喻為「奶油千層派」。從這表格可以感覺到麵糊與奶油層層堆疊的美感

●以「格式化條件設定」與「走勢圖」調整表格

表2 利用「格式化條件設定」，將符合條件的儲存格塗色

	4月	5月	6月	7月	8月	9月
A	25	27	30	39	41	52
B	30	31	26	28	39	32
C	16	20	26	19	20	26
D	28	30	31	36	32	28
E	32	30	26	31	27	29
F	19	22	18	25	30	27

（單位：次）

TOP 10 塗色的例子。

表3 更進一步使用「走勢圖」，以圖表表示

	4月	5月	6月	7月	8月	9月	圖形
A	25	27	30	39	41	52	
B	30	31	26	28	39	32	
C	16	20	26	19	20	26	
D	28	30	31	36	32	28	
E	32	30	26	31	27	29	
F	19	22	18	25	30	27	

（單位：次）

※利用 Excel 軟體繪圖的方式，請參照〈附錄〉22 ～ 27 頁。

●去除線條，以顏色區分數字

〈每個月的拜訪中，有人陪同的次數〉

	4月	5月	6月	7月	8月	9月
A	25	27	30	39	41	52
B	30	31	26	28	39	32
C	16	20	26	19	20	26
D	28	30	31	36	32	28
E	32	30	26	31	27	29
F	19	22	18	25	30	27

（單位：次）

（可能只有我有這樣的感覺）。光是這麼做，表格給人的印象就能完全改觀。

6 目標是「七十五％的認同」而非「百分百的理解」

有需要追求完美的理解嗎？

最後，回到一開始我最重視的想法。

本書第一章說過，工作中使用數字的最大好處就是「能夠做決定」。

本章對簡報的定義是，「傳達自己的主張給對方，並在短時間內獲得對方同意的行為」。總之，就算對方沒有百分之百瞭解你的主張，但如果能取得對方同意，那也就夠了。極端來說，不管簡報內容如何，讓對方同意並做出你想要的決定，目的就達到了。

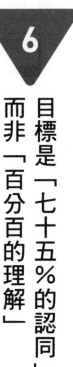

我跟保險公司簽訂了「保險」這種人生中極為重要的合約。但是，我不見得百分之百瞭解「保險」這個商品的內容。

我家裡有老婆大人在，但我也不見得百分之百瞭解我老婆。倒不如說，我不知道的部分還更多。但是，我卻與她簽訂了「結婚」這樣的重要契約，這都是因為我做出了「決定」這個行為。

但是我為什麼會做出這樣的行為呢？

我最後想說的，就是這個問題的答案。還有，我想透過這個答案為本章做個總結。

比起「百分之百」，「七十五%」更重要

無論「保險」或「結婚」，下面這句話就可以說明一切。

因為我覺得重要的關鍵點能夠給我一定程度的認同感。

總之，就算沒有理解到百分之百，但是如果能夠獲得某種程度的認同，就能夠簽約。若是如此的話，在商場上做的簡報，目標是否就應該放在「大致上認同」呢？

如果把「大致」的程度轉化成數值，那就是介於完美理解的百分之百與半信半疑的五十%之間，也就是說，「大致」的程度就是七十五%左右吧。

因此，**請把目標放在七十五%的認同，而非百分之百的理解**。

請試著回想本章前面說明的內容。

- 「3—1—3」架構。
- 比起深刻印象，更重視標準。
- 資訊量與成功率呈反比。
- 區分「呈報資料」與「補充資料」。
- 讓人感覺「簡單易懂」的傳達方式。

如果歸納以上幾點，就可濃縮為以下三行的內容。

簡報的目標是讓對方說出「原來如此」。因此，要鎖定讓對方感覺「原來如此」的重點，只使用對方能夠覺得「原來如此」的數字，盡量在最短的時間內以最少的資訊量，簡單易懂地傳達給對方。

比起「正確傳達」，「看起來正確的傳達」更重要

在行銷界是這麼說的，其實市場上不是「好東西」暢銷，而是「能夠讓人覺得好像不錯的東西」暢銷。

舉例來說，書店裡排列著琳琅滿目的新書。每本書都是濃縮了專家的知識技術與經驗的好書，不過，能夠暢銷的書只是其中一小部分而已。暢銷書是「內容不知是否正確，但是看起來好像還不錯的書」，而不是「好書」。

以餐廳為例。菜單上列出來的每道料理（可能）都很好吃。但是，有時候消費者努力研究菜單，點了許多道菜後卻大失所望，因為消費者並不是因為料理好吃才點，而是看起來好像很好吃才點的。

如果照第三章提過的「報告．連繫．討論」，那麼目標就是要正確、仔細說明事實，並且讓對方能夠百分之百理解；不過，想讓對方同意你的主張的簡報就不一樣了。

人不是完美的，所以無需追求完美的簡報。請鼓起勇氣選擇「七十五％」而非「百分之百」。

●簡報時應有的觀念

✕ 不擅長簡報者的思考方式

- 「100%」>「75%」
- 「正確傳達」>「看起來正確的傳達」

○ 擅長簡報者的思考方式

- 「100%」<「75%」
- 「正確傳達」<「看起來正確的傳達」

何者正確？其實沒有人說得準。

因此，請以「看起來好像正確」的想法做簡報，而不是追求「完全正確」的完美傳達。

結語——這是協助縮短「你」與「數字」距離的一本書

你是否有過只是換條不同顏色的領帶，給人的印象就一整個改觀，或是看起來變得更時尚的經驗？

我想，「使用數字」的技能也是同樣的道理。

只是新人鮮少有機會被告知「不明白這個道理就太可惜了」、「最好明天起就開始使用」。畢竟在現實中，新人都是被迫立即上線發揮戰力，而你也是真心期盼能夠回應他人對你的期待。

我腦中便是想像著剛進公司的各位，同時歸納整理「試試這麼做會如何？」而完成本書。

如果能夠協助縮短「你」與「數字」的距離，會是我感到最開心的事。

期待有一天能夠與在職場中發揮長才的你相會。

深澤真太郎

附 錄

Excel 操作法

本書的操作方法使用的是Excel 2016電腦版。書中介紹的Excel用法不保證與所有電腦產品或軟體服務所提供的一樣，依硬體設備或版本的不同，呈現方式或操作方式可能也有不同，謹此告知。

1 解讀數據資料時有用的函數

本文 134 ～ 144 頁

平均數

將所有數據相加，再除以個數所得到的數值。

函數 ＝ AVERAGE（選擇資料範圍）

中位數

把所有數據資料依照大小排列，剛好位於最中央的數值（如果數據的數目是偶數，則把位於中央的兩個數值平均，即為中位數）。

函數 ＝ MEDIAN（選擇資料範圍）

眾數

該數據資料中，出現次數最多的數值。

函數 ＝ MODE（選擇資料範圍）

標準差

相對於該數據資料的平均值，數據的離散程度。

函數 ＝ STDEVP（選擇資料範圍）

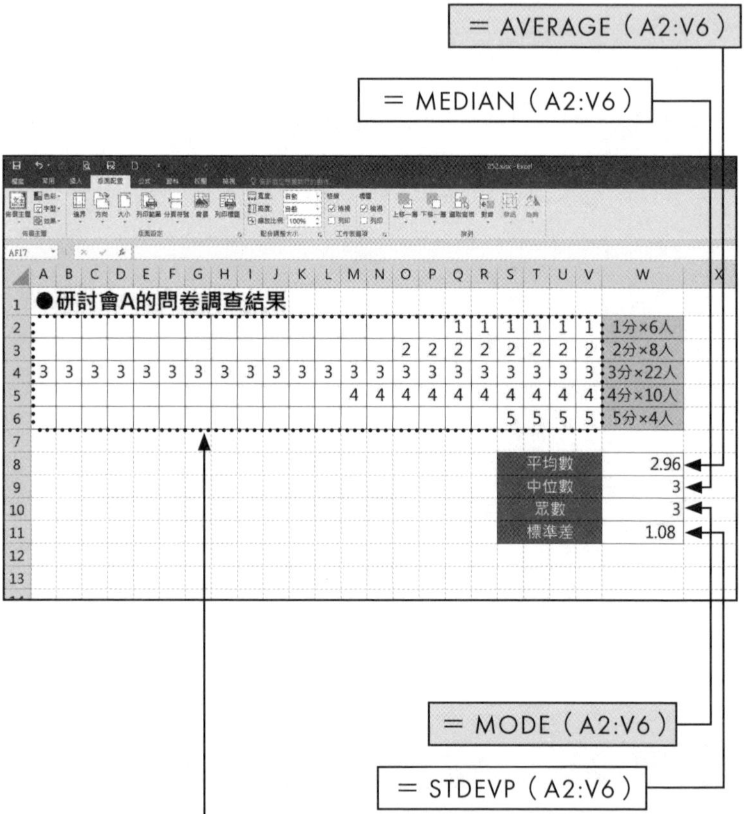
= AVERAGE（A2:V6）
= MEDIAN（A2:V6）
●研討會A的問卷調查結果
1分×6人
2分×8人
3分×22人
4分×10人
5分×4人
平均數 2.96
中位數 3
眾數 3
標準差 1.08
= MODE（A2:V6）
= STDEVP（A2:V6）

在此以「A2:V6」表示框內的資料範圍。如圖所示，表格內必須輸入每個評分數值（以此表格為例，有 6 人給 1 分，就要輸入 6 個 1），如此函數才能夠使用，這點千萬要注意！

2 散佈圖

本文 176 ～ 180 頁

散佈圖 以圖形呈現兩筆資料的關係。

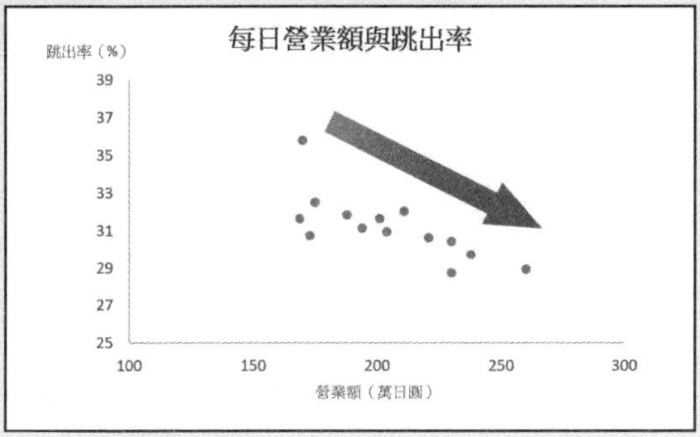
每日營業額與跳出率
跳出率（%）
39
37
35
33
31
29
27
25
100
150
200
250
300
營業額（萬日圓）

顯示「每日營業額」與「跳出率」具有相關性。

①選擇想做出散佈圖的資料範圍，點選「插入」索引標籤後，從「圖表」群組中選擇「插入 XY 散佈圖或泡泡圖」，再選擇其中的「散佈圖」。

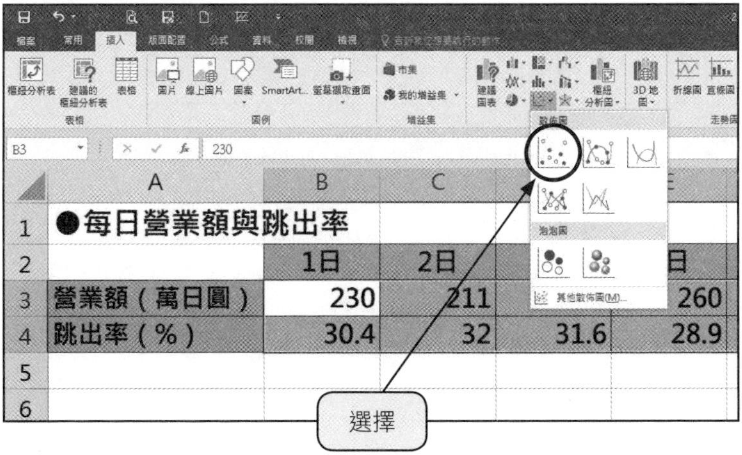
插入
散佈圖
泡泡圖
B3
230
A
B
C
●每日營業額與跳出率
1日
2日
營業額（萬日圓）
230
211
260
跳出率（%）
30.4
32
31.6
28.9
選擇

②會顯示如下的圖形。

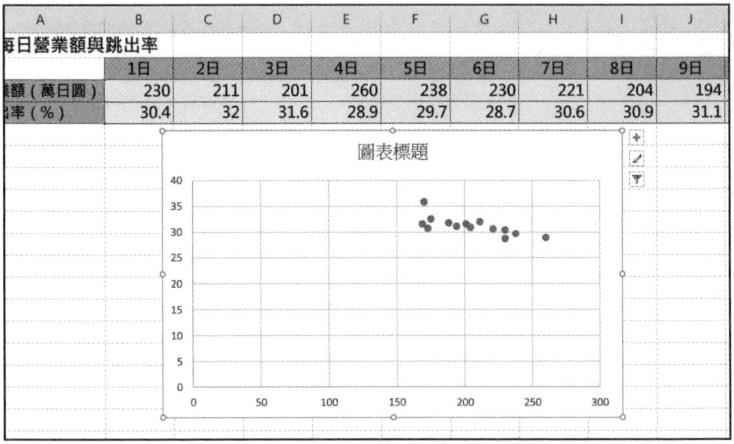
A B C D E F G H I J
每日營業額與跳出率
1日 2日 3日 4日 5日 6日 7日 8日 9日
額（萬日圓） 230 211 201 260 238 230 221 204 194
率（%） 30.4 32 31.6 28.9 29.7 28.7 30.6 30.9 31.1
圖表標題
40 35 30 25 20 15 10 5 0
0 50 100 150 200 250 300

③修飾圖形使圖形變得清楚易懂（調整軸線、插入箭號等）。

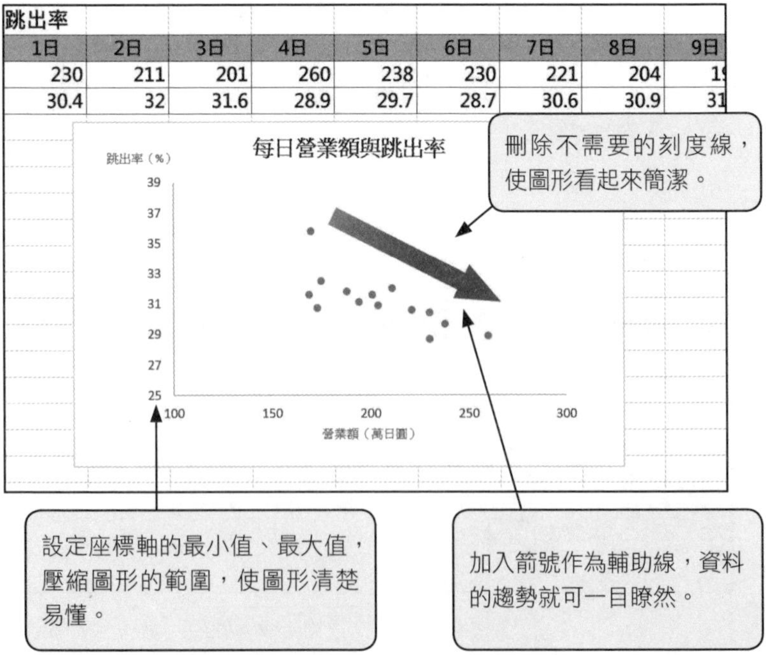
跳出率
1日 2日 3日 4日 5日 6日 7日 8日 9日
230 211 201 260 238 230 221 204
30.4 32 31.6 28.9 29.7 28.7 30.6 30.9
每日營業額與跳出率
跳出率（%）
39 37 35 33 31 29 27 25
100 150 200 250 300
營業額（萬日圓）
刪除不需要的刻度線，使圖形看起來簡潔。
設定座標軸的最小值、最大值，壓縮圖形的範圍，使圖形清楚易懂。
加入箭號作為輔助線，資料的趨勢就可一目瞭然。

3 組合圖形①
巴雷托圖

本文 183 頁

巴雷托圖

組合直條圖與折線圖的圖形。

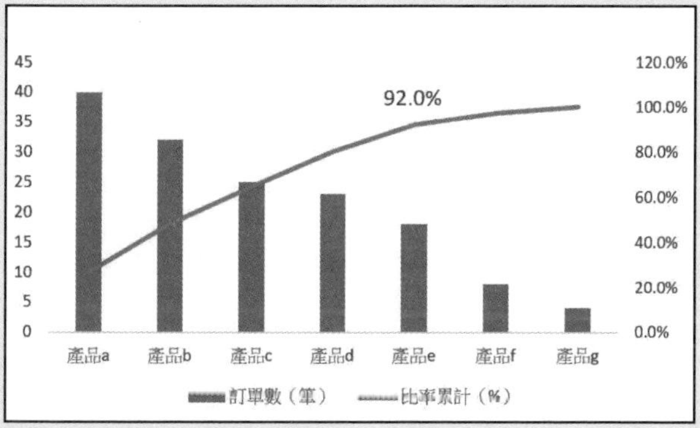

一眼就能看出產品是否暢銷，以及各產品占整體的比率。

①以訂單數（筆）的大小順序計算累計的營業額，再算出整體的比率累計。

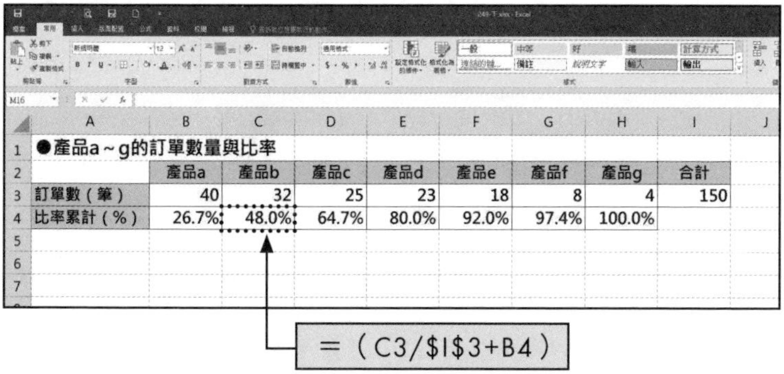

●產品a～g的訂單數量與比率

	產品a	產品b	產品c	產品d	產品e	產品f	產品g	合計
訂單數（筆）	40	32	25	23	18	8	4	150
比率累計（%）	26.7%	48.0%	64.7%	80.0%	92.0%	97.4%	100.0%	

＝（C3/$I$3+B4）

②選擇「營業額」與「比率累計」等兩種資料範圍，製作直條圖（點選「插入」索引標籤後，從「圖表」群組中選擇「插入直條圖或橫條圖」，再點選直條圖製作圖形）。

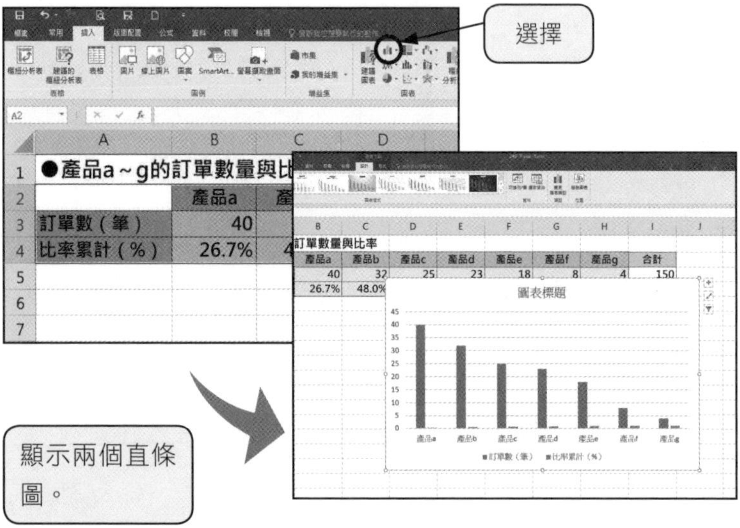
選擇
●產品a～g的訂單數量與比
產品a
訂單數（筆）
40
比率累計（%）
26.7%
圖表標題
顯示兩個直條圖。

③把「比率累計」的直條圖轉成折線圖。

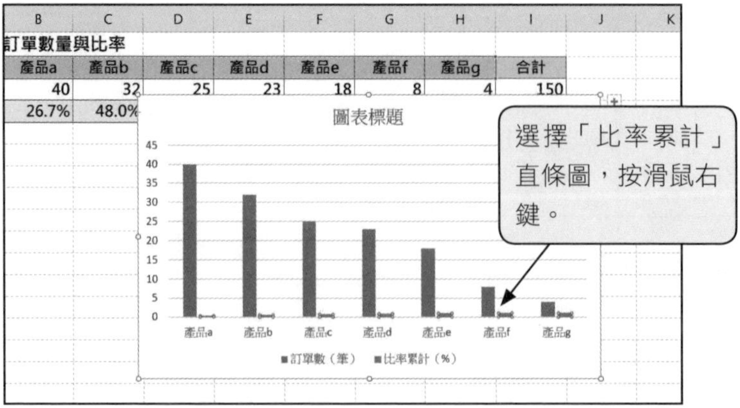
訂單數量與比率
產品a 產品b 產品c 產品d 產品e 產品f 產品g 合計
40 32 25 23 18 8 4 150
26.7% 48.0%
圖表標題
選擇「比率累計」直條圖，按滑鼠右鍵。
■訂單數（筆） ■比率累計（%）

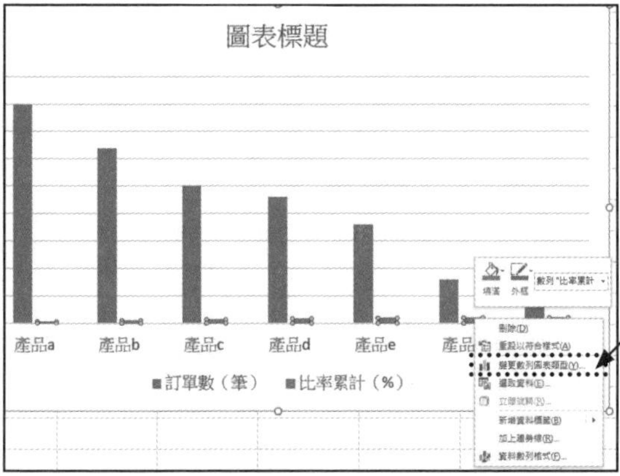
圖表標題
產品a
產品b
產品c
產品d
產品e
■訂單數（筆） ■比率累計（%）
選擇「變更數列圖表類型」。

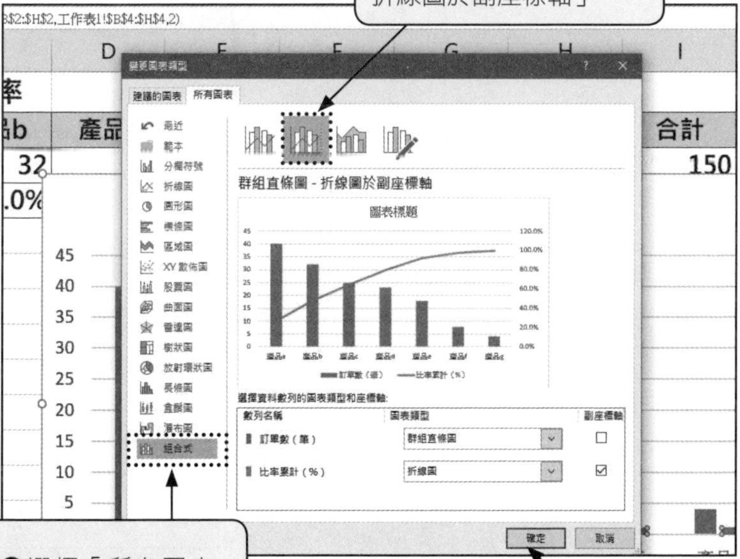
❷選擇「群組直條圖－折線圖於副座標軸」。
建議的圖表
所有圖表
群組直條圖 - 折線圖於副座標軸
圖表標題
選擇資料數列的圖表類型和座標軸:
數列名稱
圖表類型
副座標軸
訂單數（筆）
群組直條圖
比率累計（%）
折線圖
組合式
確定
取消
❶選擇「所有圖表」內的「組合式」選項。
選擇之後，按「確定」鍵，則可得到「比率累計」的折線圖。

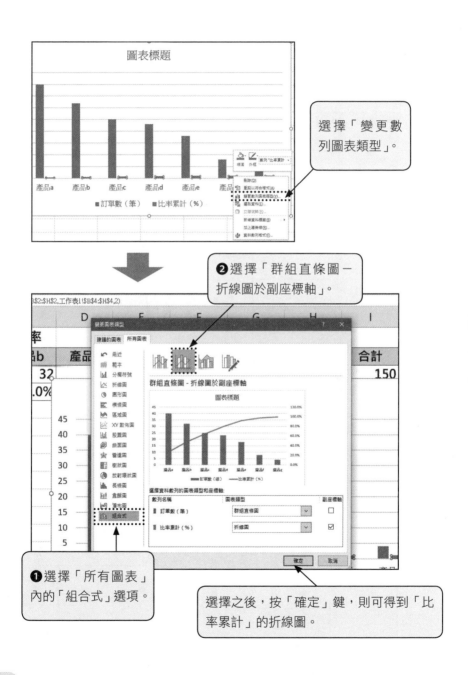

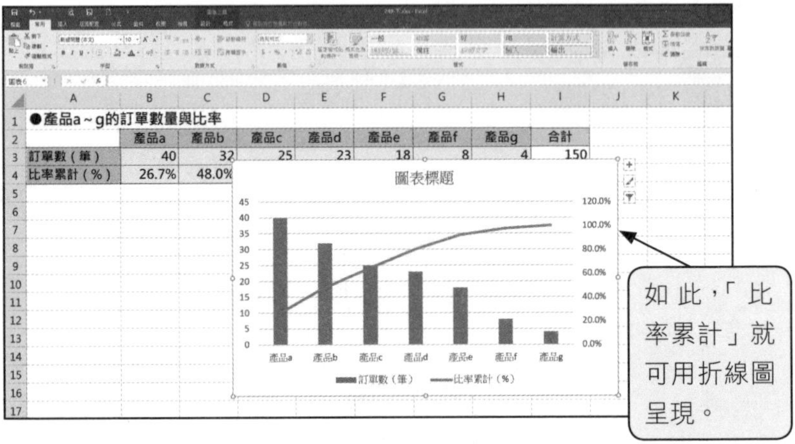
●產品a～g的訂單數量與比率
產品a 產品b 產品c 產品d 產品e 產品f 產品g 合計
訂單數（筆） 40 32 25 23 18 8 4 150
比率累計（%） 26.7% 48.0%
圖表標題
訂單數（筆） 比率累計（%）
如此，「比率累計」就可用折線圖呈現。

④調整細節使圖形看起來容易理解（刻度、直條圖顏色等）。

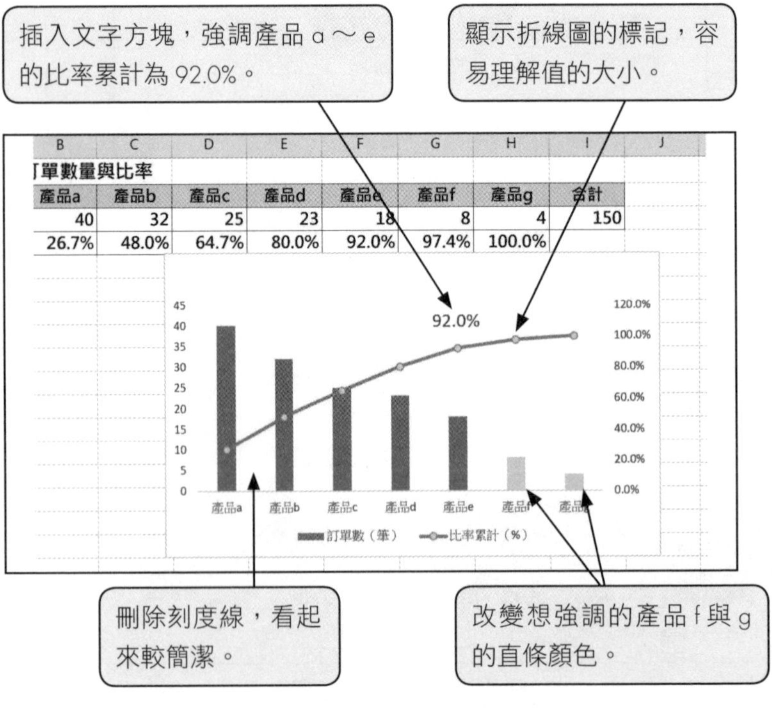
插入文字方塊，強調產品 a ～ e 的比率累計為 92.0%。
顯示折線圖的標記，容易理解值的大小。
訂單數量與比率
產品a 產品b 產品c 產品d 產品e 產品f 產品g 合計
40 32 25 23 18 8 4 150
26.7% 48.0% 64.7% 80.0% 92.0% 97.4% 100.0%
92.0%
訂單數（筆） 比率累計（%）
刪除刻度線，看起來較簡潔。
改變想強調的產品 f 與 g 的直條顏色。

4 組合圖形②
環圈圖

本文 184 頁

環圈圖

能夠同時顯示實數與比率的圖形。

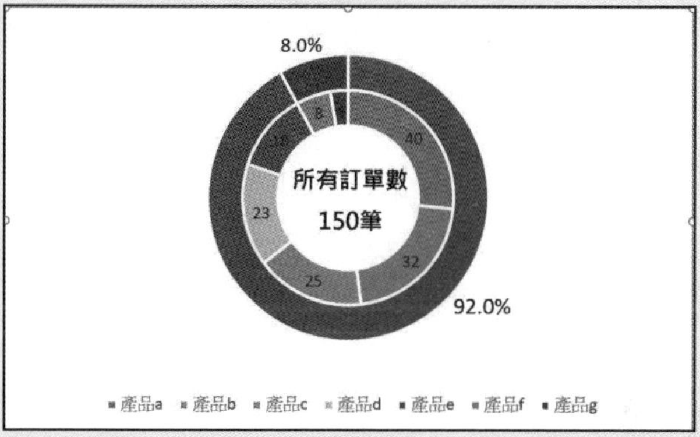

與巴雷托圖一樣，可一眼看清各產品的訂單數量與占整體的比率。

①算出產品 a ～ e 的加總比率以及產品 f ～ g 的加總比率，並整理訂單數量（筆）與兩種比率如下表。

	A	B	C	D	E	F	G	H	I
1	●產品a～g的訂單數量與比率								
2		產品a	產品b	產品c	產品d	產品e	產品f	產品g	合計
3	訂單數（筆）	40	32	25	23	18	8	4	150
4	比率累計（%）					92.0%		8.0%	
5	比率（%）	26.7%	21.3%	16.7%	15.3%	12.0%	5.3%	2.7%	
6									
7									

＝ SUM（G5:H5）

＝ SUM（B5:F5）

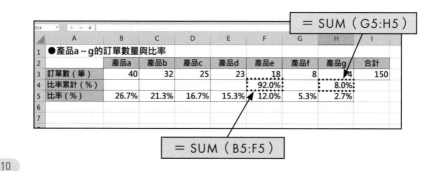

②選擇表中的訂單數與累計比率的資料範圍，點選「插入」索引標籤後，從「圖表」群組中選擇「插入圓形圖或環圈圖」，再點選「環圈圖」圖形。

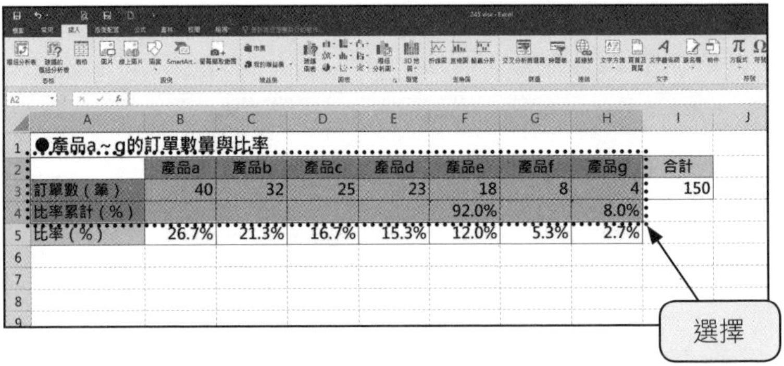

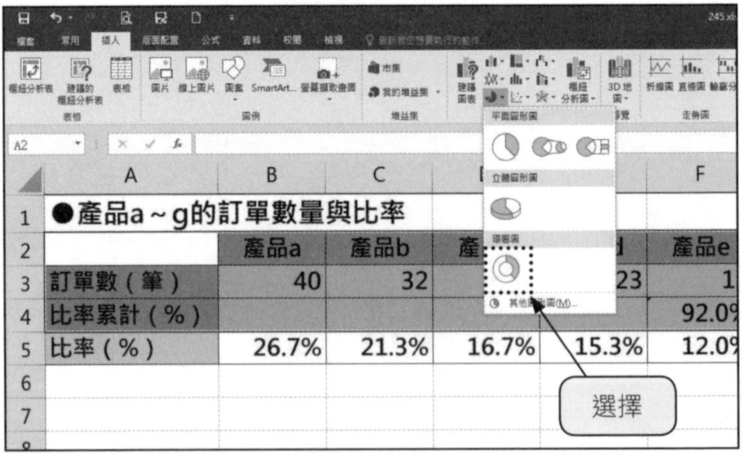

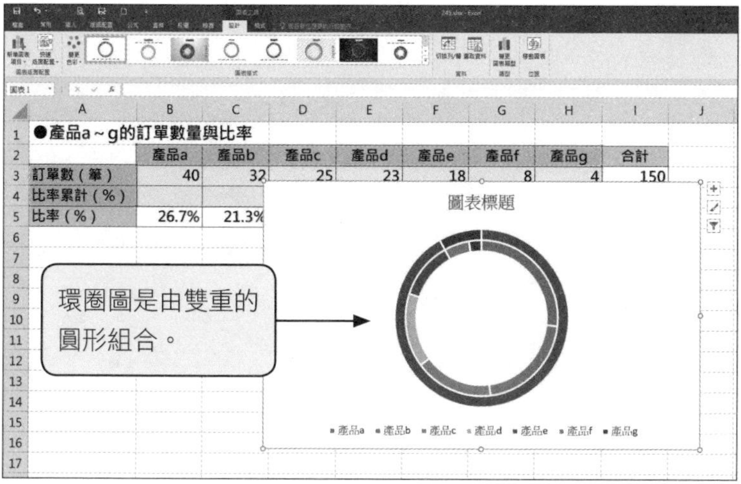
●產品a～g的訂單數量與比率
產品a 產品b 產品c 產品d 產品e 產品f 產品g 合計
訂單數（筆） 40 32 25 23 18 8 4 150
比率累計（%）
比率（%） 26.7% 21.3%
圖表標題
環圈圖是由雙重的圓形組合。
產品a 產品b 產品c 產品d 產品e 產品f 產品g

③調整細節使圖形看起來容易理解（資料標籤、圖形寬度等）。

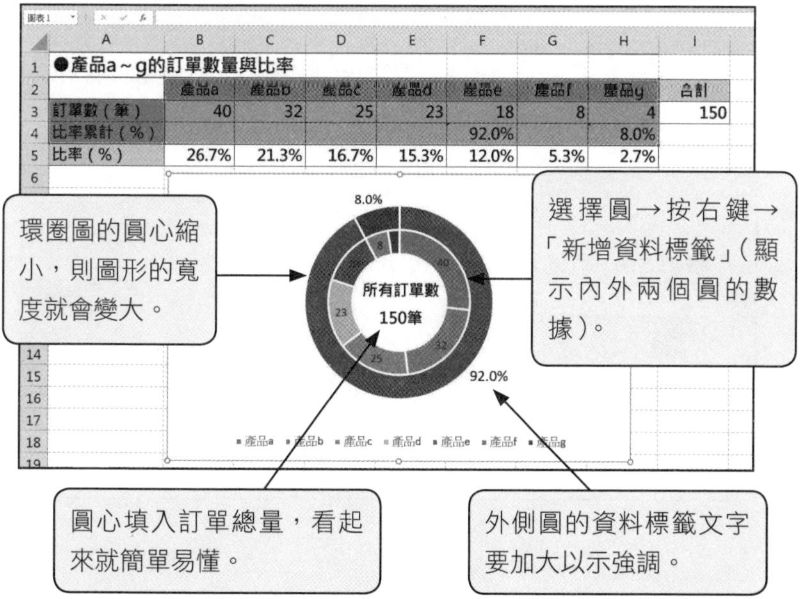
●產品a～g的訂單數量與比率
產品a 產品b 產品c 產品d 產品e 產品f 產品g 合計
訂單數（筆） 40 32 25 23 18 8 4 150
比率累計（%） 92.0% 8.0%
比率（%） 26.7% 21.3% 16.7% 15.3% 12.0% 5.3% 2.7%
8.0%
所有訂單數
150筆
92.0%
環圈圖的圓心縮小，則圖形的寬度就會變大。
選擇圓→按右鍵→「新增資料標籤」（顯示內外兩個圓的數據）。
圓心填入訂單總量，看起來就簡單易懂。
外側圓的資料標籤文字要加大以示強調。

5 組合圖形③
圓形圖帶有子橫條圖

本文 185 頁

圓形圖帶有子橫條圖

從圓形圖中挑出一部分的數值，
並以堆疊直條圖表示。

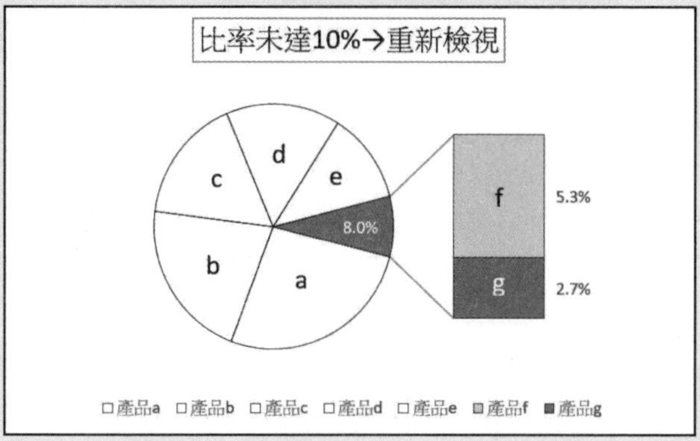

把比率小的數值製成直條圖，如此就能夠用簡單易懂且想強調的圖形呈現。

①先製作計算出產品 a 到產品 g 的比率之表格。

	A	B	C	D	E	F	G	H	I
1	●產品a~g的訂單數量與比率								
2		產品a	產品b	產品c	產品d	產品e	產品f	產品g	合計
3	比率（%）	26.7%	21.3%	16.7%	15.3%	12.0%	5.3%	2.7%	
4	訂單數（筆）	40	32	25	23	18	8	4	150
5									
6									
7									
8									

＝（B4/$I$4）

②選擇資料範圍，點選「插入」索引標籤後，從「圖表」群組中選擇「插入圓形圖或環圈圖」，再選擇「平面圓形圖」中的「圓形圖帶有子橫條圖」。

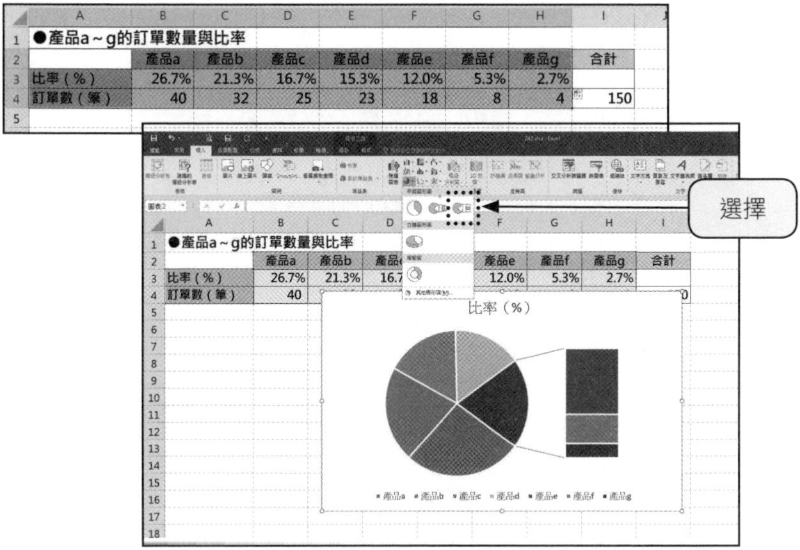

③在圖形的上方按右鍵，選擇「資料數列格式」。

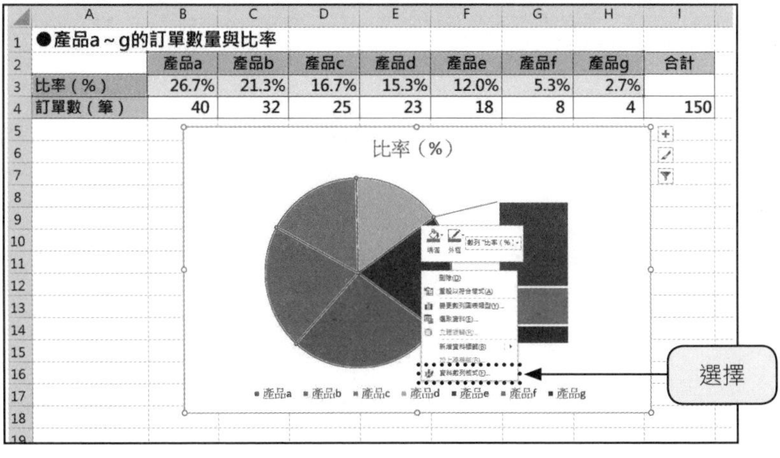

④設定「第二區域中的值」(一般設定「3」，這裡設定「2」)。

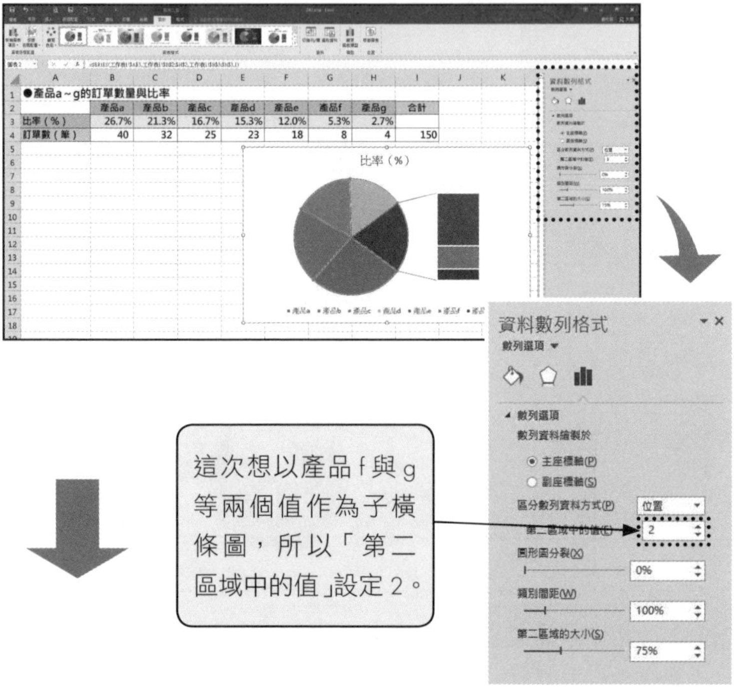

以直條圖顯示產品 f 與 g 的比率。

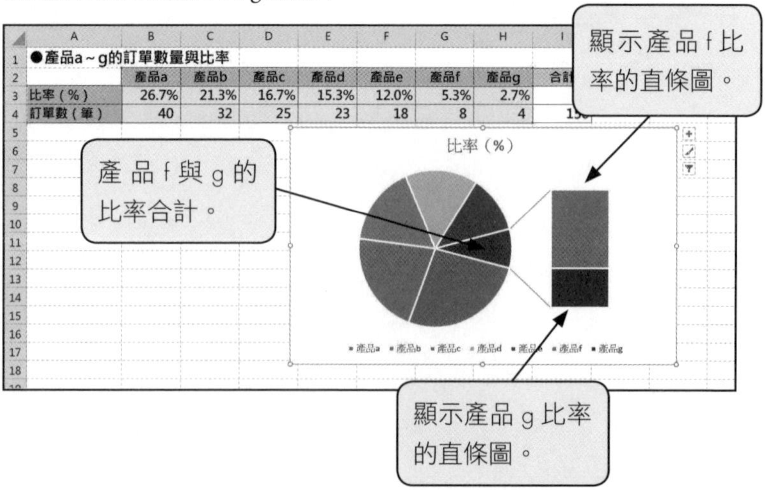

⑤調整細節使圖形看起來容易理解（圖形顏色、索引標籤等）。

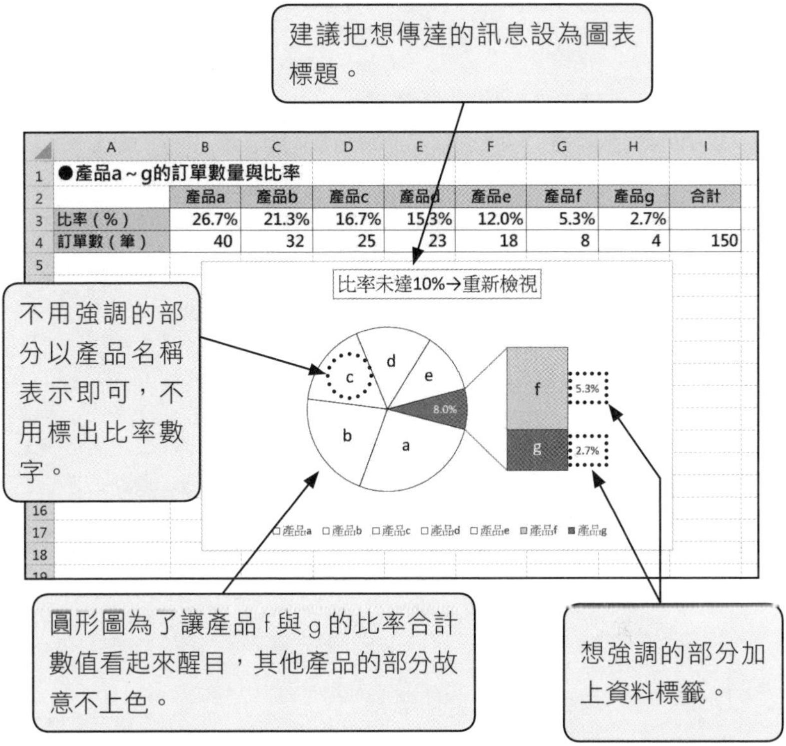

●產品a～g的訂單數量與比率

	產品a	產品b	產品c	產品d	產品e	產品f	產品g	合計
比率（%）	26.7%	21.3%	16.7%	15.3%	12.0%	5.3%	2.7%	
訂單數（筆）	40	32	25	23	18	8	4	150

建議把想傳達的訊息設為圖表標題。
比率未達10%→重新檢視
不用強調的部分以產品名稱表示即可，不用標出比率數字。
a
b
c
d
e
8.0%
f
g
5.3%
2.7%
□產品a □產品b □產品c □產品d □產品e ▣產品f ■產品g
圓形圖為了讓產品 f 與 g 的比率合計數值看起來醒目，其他產品的部分故意不上色。
想強調的部分加上資料標籤。

6 趨勢線

本文 188 頁

趨勢線

以直線大致呈現資料的變化。

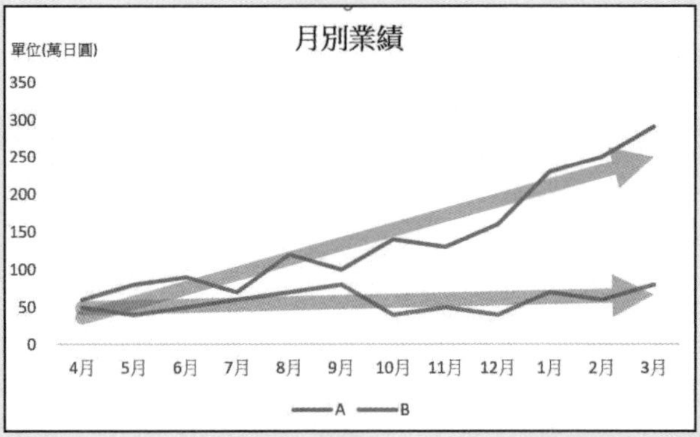

比起以一條直線顯示細微的變化，趨勢線能夠清楚呈現趨勢變化。

①先準備已整理好的業績表格。

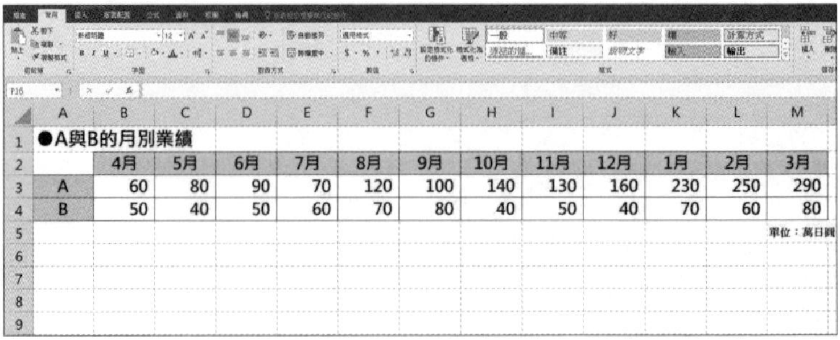

●A與B的月別業績

	4月	5月	6月	7月	8月	9月	10月	11月	12月	1月	2月	3月
A	60	80	90	70	120	100	140	130	160	230	250	290
B	50	40	50	60	70	80	40	50	40	70	60	80

單位：萬日圓

②選擇表格裡的範圍，點選「插入」索引標籤後，從「圖表」群組中選擇「插入折線圖或區域圖」，再點選其中「平面折線圖」中的「折線圖」。

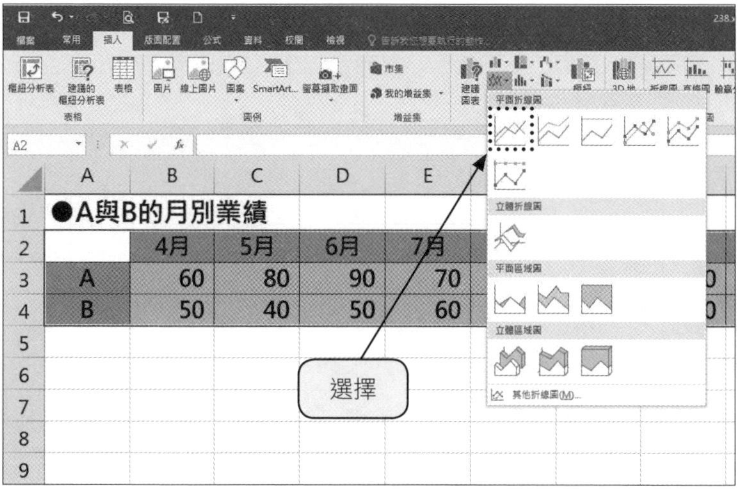

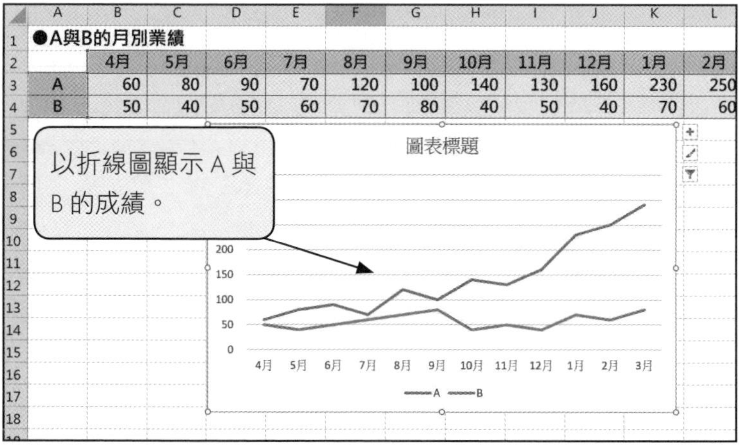

③選擇 A 的折線，在折線上點右鍵，選擇「加上趨勢線」。

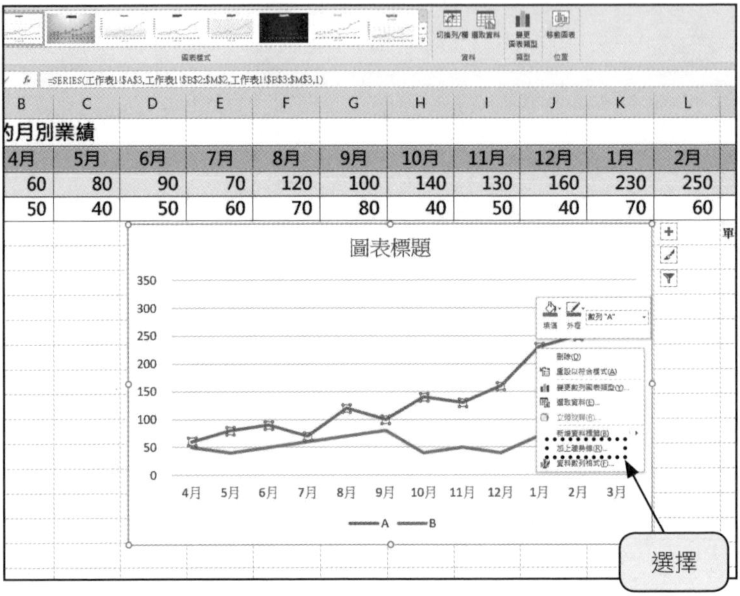

④在選項中選擇「線性」。

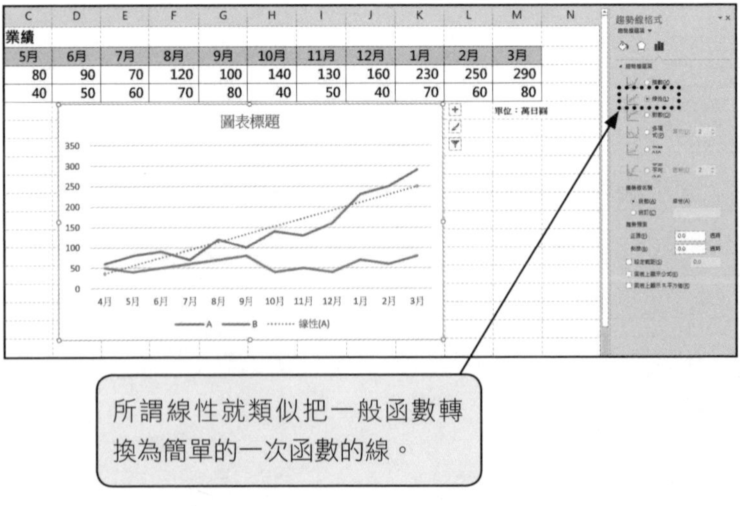

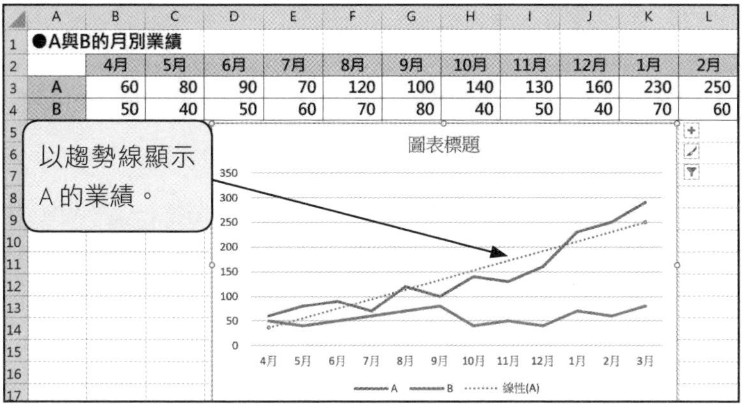
●A與B的月別業績
4月 5月 6月 7月 8月 9月 10月 11月 12月 1月 2月
A 60 80 90 70 120 100 140 130 160 230 250
B 50 40 50 60 70 80 40 50 40 70 60
以趨勢線顯示A的業績。
圖表標題
A B 線性(A)

⑤調整線條的「寬度」、「透明度」、「終點箭頭類型」等，使圖形看起來容易理解。

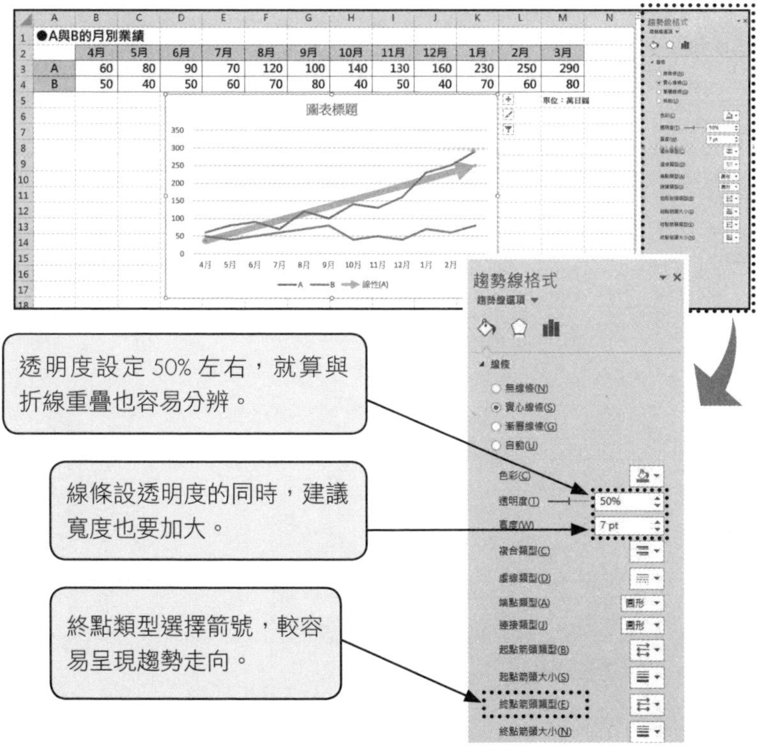
●A與B的月別業績
4月 5月 6月 7月 8月 9月 10月 11月 12月 1月 2月 3月
A 60 80 90 70 120 100 140 130 160 230 250 290
B 50 40 50 60 70 80 40 50 40 70 60 80
單位：萬日圓
圖表標題
A B 線性(A)
趨勢線格式
趨勢線選項
線條
無線條(N)
實心線條(S)
漸層線條(G)
自動(U)
色彩(C)
透明度(T) 50%
寬度(W) 7 pt
複合類型(C)
虛線類型(D)
端點類型(A) 圓形
連接類型(J) 圓形
起點箭頭類型(B)
起點箭頭大小(S)
終點箭頭類型(E)
終點箭頭大小(N)
透明度設定50%左右，就算與折線重疊也容易分辨。
線條設透明度的同時，建議寬度也要加大。
終點類型選擇箭號，較容易呈現趨勢走向。

⑥ B 的業績折線圖也是相同做法。

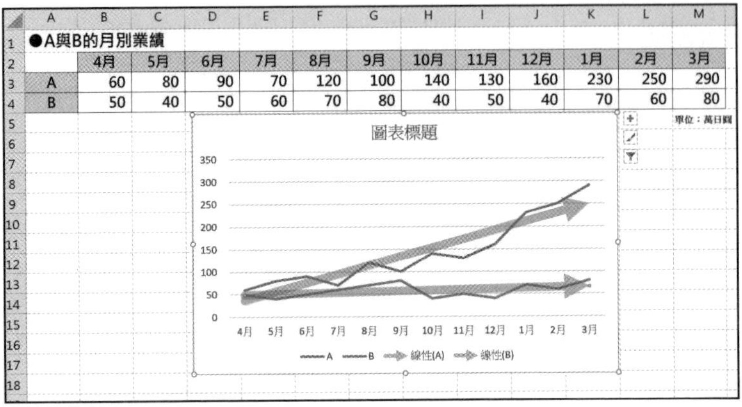

●A與B的月別業績

	4月	5月	6月	7月	8月	9月	10月	11月	12月	1月	2月	3月
A	60	80	90	70	120	100	140	130	160	230	250	290
B	50	40	50	60	70	80	40	50	40	70	60	80

單位：萬日圓
圖表標題
350
300
250
200
150
100
50
0
4月 5月 6月 7月 8月 9月 10月 11月 12月 1月 2月 3月
A B 線性(A) 線性(B)

⑦調整細節使圖形看起來容易理解（刻度或凡例等）。

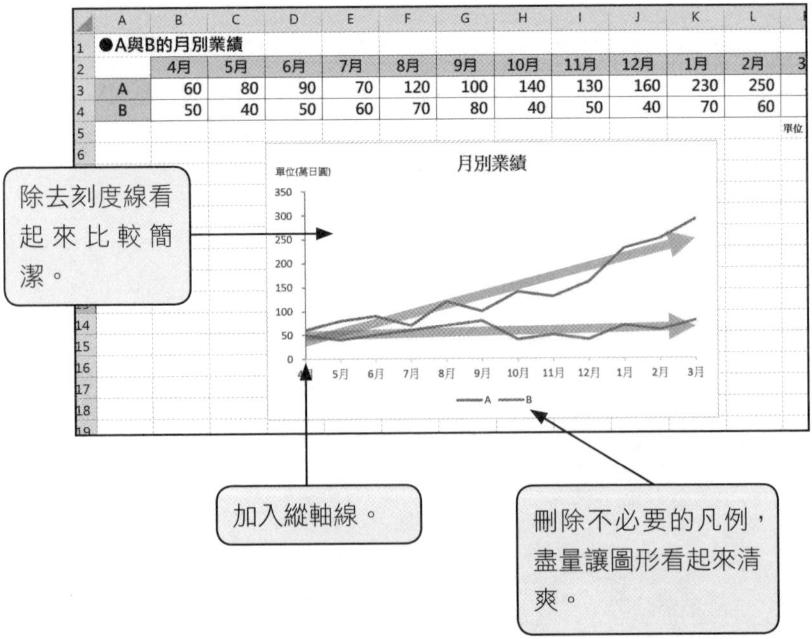

●A與B的月別業績

	4月	5月	6月	7月	8月	9月	10月	11月	12月	1月	2月
A	60	80	90	70	120	100	140	130	160	230	250
B	50	40	50	60	70	80	40	50	40	70	60

月別業績
單位(萬日圓)
350
300
250
200
150
100
50
0
4月 5月 6月 7月 8月 9月 10月 11月 12月 1月 2月 3月
A B
除去刻度線看起來比較簡潔。
加入縱軸線。
刪除不必要的凡例，盡量讓圖形看起來清爽。

7 修飾表格① 格式化條件設定

本文 224 頁

格式化條件設定

強調滿足某條件的資料，使得資料在視覺上顯得簡單易懂。

●每個月的拜訪中，有人陪同的次數

	4月	5月	6月	7月	8月	9月
A	25	27	30	39	41	52
B	30	31	26	28	39	32
C	16	20	26	19	20	26
D	28	30	31	36	32	28
E	32	30	26	31	27	29
F	19	22	18	25	30	27

單位：次

前 10 名、後 10 名、平均以上等重要或想強調的部分，利用視覺效果使儲存格變得顯眼。

①選擇資料範圍，選擇「常用」索引標籤內的「設定格式化的條件」。

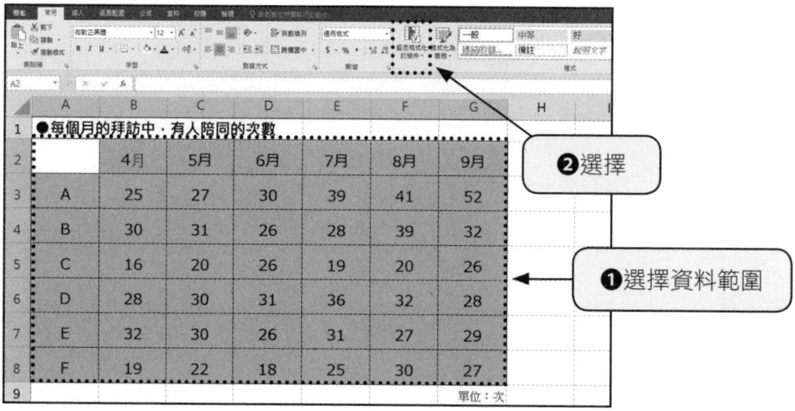

②「設定格式化的條件」中，選擇「頂端／底端項目規則」→「前10個項目」。

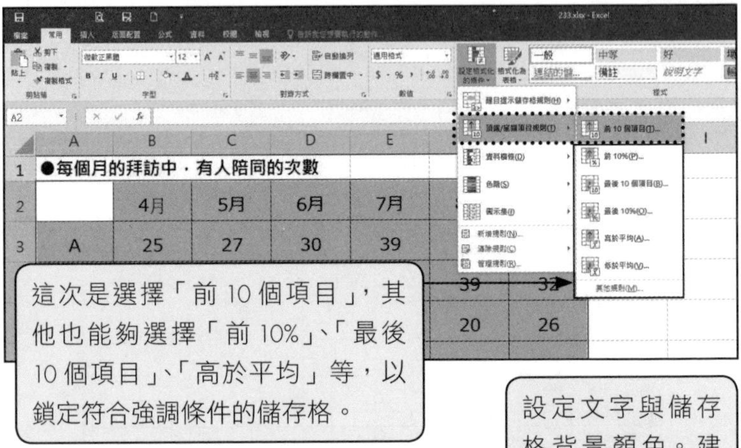
●每個月的拜訪中，有人陪同的次數
這次是選擇「前10個項目」，其他也能夠選擇「前10%」、「最後10個項目」、「高於平均」等，以鎖定符合強調條件的儲存格。

③選擇文字顏色與大小後就完成。

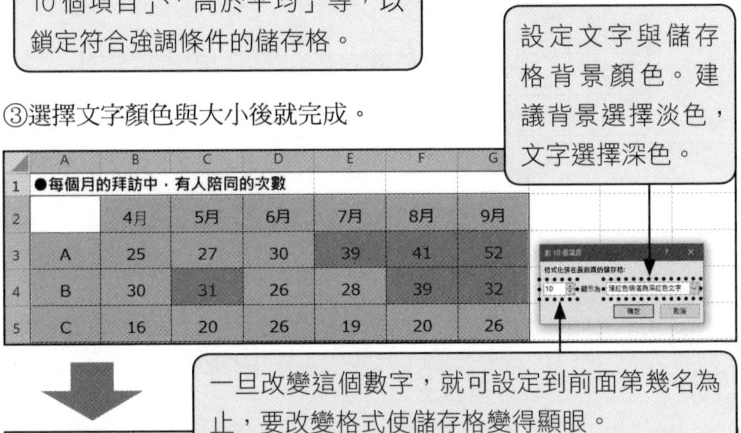
設定文字與儲存格背景顏色。建議背景選擇淡色，文字選擇深色。
●每個月的拜訪中，有人陪同的次數
一旦改變這個數字，就可設定到前面第幾名為止，要改變格式使儲存格變得顯眼。

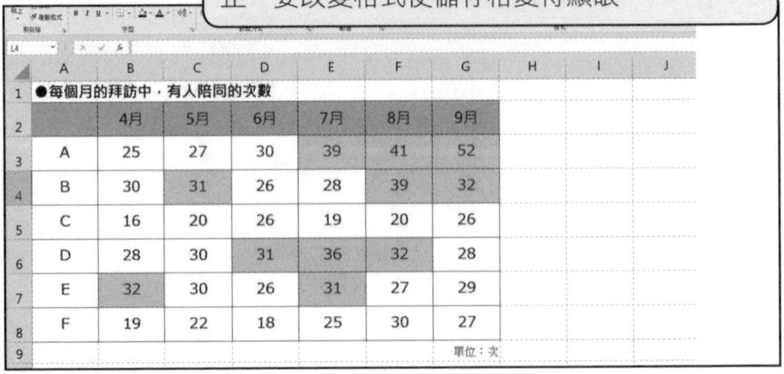
●每個月的拜訪中，有人陪同的次數
單位：次

8 修飾表格② 走勢圖

本文 224 頁

走勢圖

在一個儲存格中，插入小圖形。

●每個月的拜訪中，有人陪同的次數

	4月	5月	6月	7月	8月	9月	圖形
A	25	27	30	39	41	52	
B	30	31	26	28	39	32	
C	16	20	26	19	20	26	
D	28	30	31	36	32	28	
E	32	30	26	31	27	29	
F	19	22	18	25	30	27	

單位：次

透過數值與圖形，一眼便可掌握趨勢。

①先選擇 A 的資料範圍，在「插入」索引標籤的「走勢圖」群組中選擇「折線圖」。

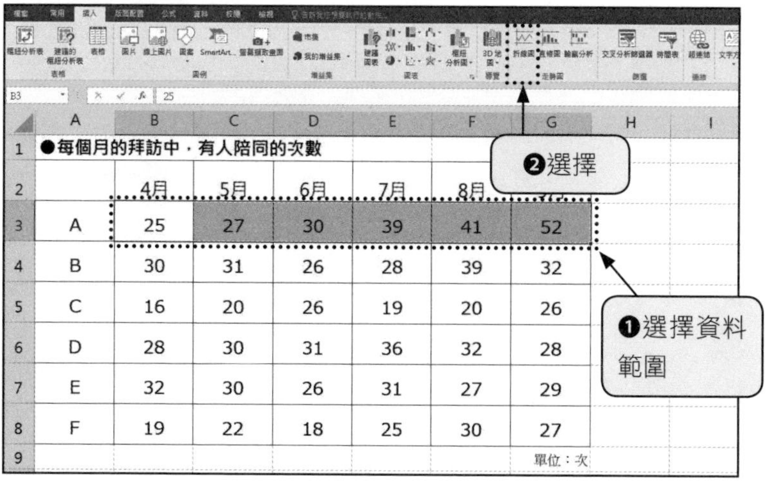

	A	B	C	D	E	F	G
1	●每個月的拜訪中，有人陪同的次數						
2		4月	5月	6月	7月	8月	9月
3	A	25	27	30	39	41	52
4	B	30	31	26	28	39	32
5	C	16	20	26	19	20	26
6	D	28	30	31	36	32	28
7	E	32	30	26	31	27	29
8	F	19	22	18	25	30	27
9							單位：次

②顯示「選擇所要放置走勢圖群組的位置」，將游標移到「位置範圍」，選擇想要插入走勢圖的儲存格後，欄位中就會顯示剛剛選擇的儲存格編碼。

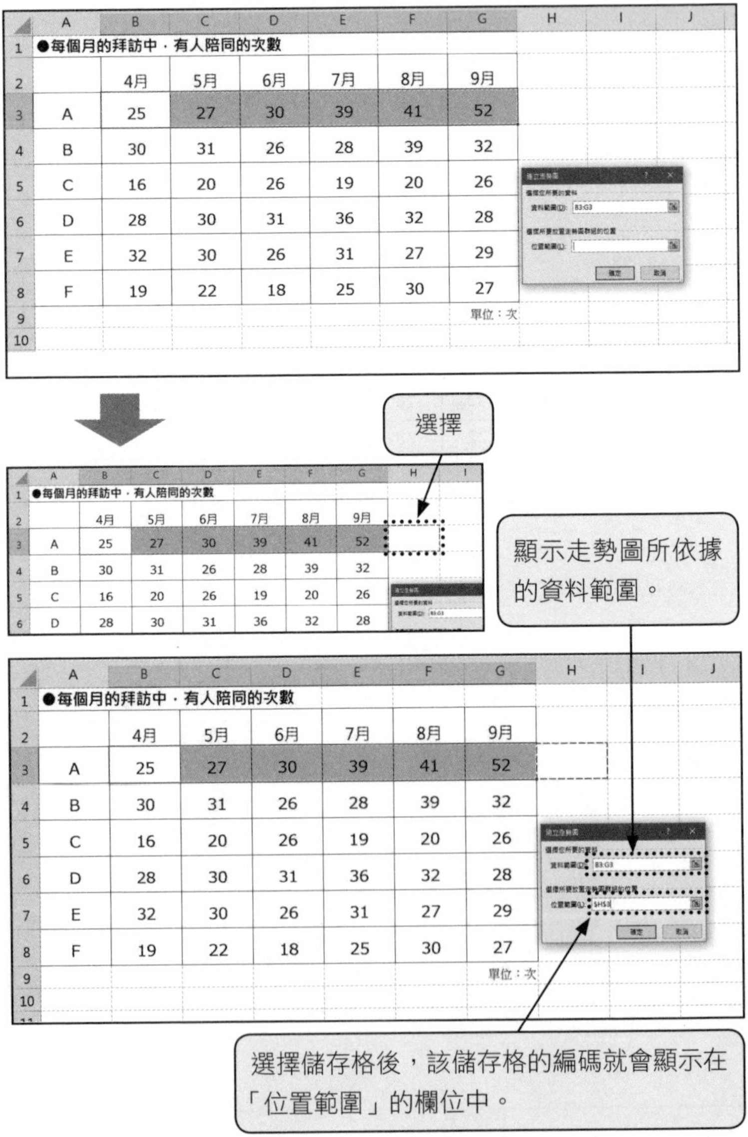
●每個月的拜訪中，有人陪同的次數
單位：次
選擇
顯示走勢圖所依據的資料範圍。
選擇儲存格後，該儲存格的編碼就會顯示在「位置範圍」的欄位中。

	4月	5月	6月	7月	8月	9月
A	25	27	30	39	41	52
B	30	31	26	28	39	32
C	16	20	26	19	20	26
D	28	30	31	36	32	28
E	32	30	26	31	27	29
F	19	22	18	25	30	27

按「確定」。

選擇的儲存格內出現走勢圖。

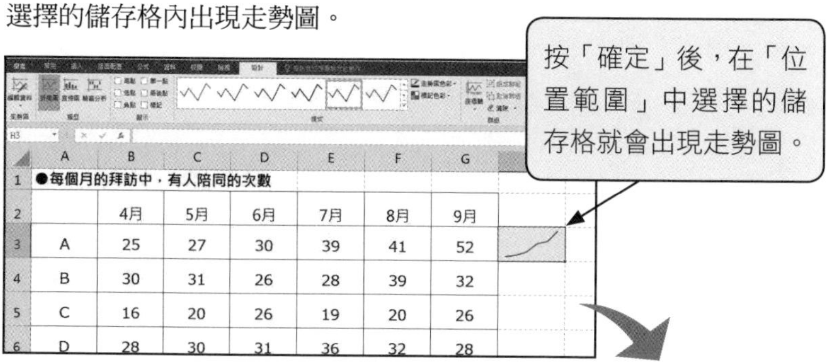
按「確定」後，在「位置範圍」中選擇的儲存格就會出現走勢圖。
●每個月的拜訪中，有人陪同的次數

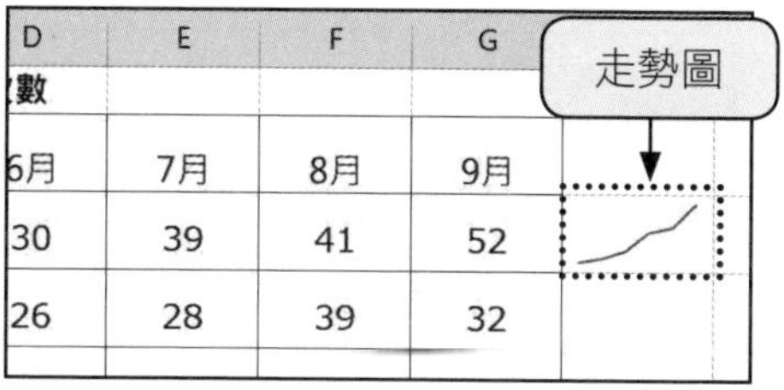
走勢圖

③同樣地，B 到 F 的資料也都能夠從「走勢圖」畫出各自的「折線圖」。

	A	B	C	D	E	F	G	H	I
1	●每個月的拜訪中，有人陪同的次數								
2		4月	5月	6月	7月	8月	9月		
3	A	25	27	30	39	41	52		
4	B	30	31	26	28	39	32		
5	C	16	20	26	19	20	26		
6	D	28	30	31	36	32	28		
7	E	32	30	26	31	27	29		
8	F	19	22	18	25	30	27		
9							單位：次		
10									

④修飾成方便讀取的表格。這次在「走勢圖工具」的「設計」索引標籤中，找到「顯示」群組並勾選「標記」，標示出折線圖的標記。

如果折線圖有標記，則可清楚看到數值的位置，也容易比較。

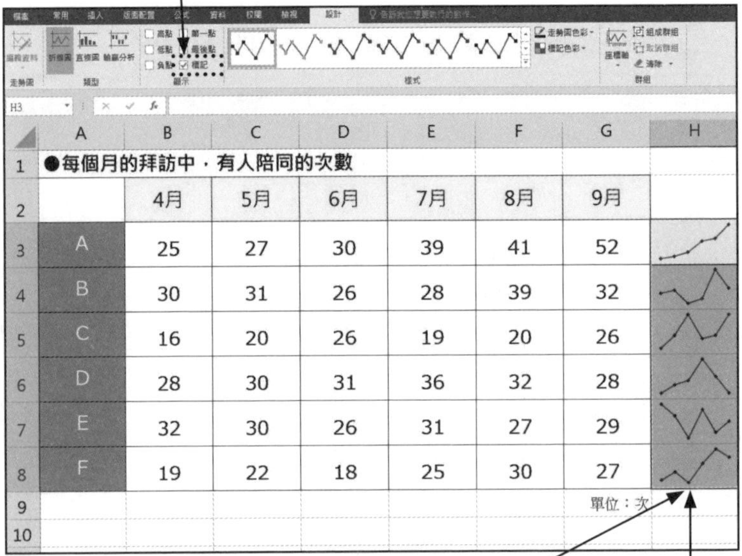

	A	B	C	D	E	F	G	H
1	●每個月的拜訪中，有人陪同的次數							
2		4月	5月	6月	7月	8月	9月	
3	A	25	27	30	39	41	52	
4	B	30	31	26	28	39	32	
5	C	16	20	26	19	20	26	
6	D	28	30	31	36	32	28	
7	E	32	30	26	31	27	29	
8	F	19	22	18	25	30	27	
9							單位：次	
10								

插入走勢圖的儲存格也要加上格線，展現表格的整體感。

選擇所有插入走勢圖的儲存格之後再來改變設計，這樣就可以一次更改所有走勢圖的設計。

國家圖書館出版品預行編目(CIP)資料

所有老闆都看重！上班族必備的工作數字力 / 深澤真太郎著；陳美瑛譯. -- 初版. -- 臺北市：商周出版：家庭傳媒城邦分公司發行, 民109.02
264面；14.8x21公分. -- (ideaman；114)
ISBN 978-986-477-189-9(平裝)

1.企業經營 2.管理數學 3.思考

494.1　　108021468

ideaman 114
所有老闆都看重！上班族必備的工作數字力
數字力是職場最強武器！文科生也能立即學會的數字思考

原著書名／入社1年目からの数字の使い方
原出版社／株式会社日本実業出版社
作　　者／深澤真太郎
譯　　者／陳美瑛
企劃選書／劉枚瑛
責任編輯／劉枚瑛

版權部／黃淑敏、翁靜如、邱珮芸
行銷業務／莊英傑、黃崇華、周佑潔
總編輯／何宜珍
總經理／彭之琬
事業群總經理／黃淑貞
發行人／何飛鵬
法律顧問／元禾法律事務所　王子文律師
出　　版／商周出版
台北市104中山區民生東路二段141號9樓
電話：(02) 2500-7008　傳真：(02) 2500-7759
E-mail：bwp.service@cite.com.tw
Blog：http://bwp25007008.pixnet.net./blog
發　　行／英屬蓋曼群島商家庭傳媒股份有限公司城邦分公司
台北市104中山區民生東路二段141號2樓
書虫客服專線：(02)2500-7718、(02) 2500-7719
服務時間：週一至週五上午09:30-12:00；下午13:30-17:00
24小時傳真專線：(02) 2500-1990；(02) 2500-1991
劃撥帳號：19863813　戶名：書虫股份有限公司
讀者服務信箱：service@readingclub.com.tw
城邦讀書花園：www.cite.com.tw
香港發行所／城邦(香港)出版集團有限公司
香港灣仔駱克道193號超商業中心1樓
電話：(852) 25086231傳真：(852) 25789337
E-mailL：hkcite@biznetvigator.com
馬新發行所／城邦(馬新)出版集團【Cité (M) Sdn. Bhd】
41, Jalan Radin Anum, Bandar Baru Sri Petaling,
57000 Kuala Lumpur, Malaysia.
電話：(603)90578822　傳真：(603)90576622
E-mail：cite@cite.com.my

美術設計／簡至成
印　　刷／卡樂彩色製版印刷有限公司
經銷商／聯合發行股份有限公司
電話：(02)2917-8022　傳真：(02)2911-0053

■2020年（民109）2月4日初版
定價／350元
Printed in Taiwan
城邦讀書花園
www.cite.com.tw

ISBN 978-986-477-189-9

Idea man

Idea man